U0033293

千層可頌
的秘密
呂昇達
艾力克 著

WACHTEL

在烘焙的世界裡，千層麵包無疑是技術與藝術的完美結合。這本書誕生於我對千層麵包的深厚熱愛，以及希望將這份熱情傳遞給每一位烘焙愛好者的心願。從籌備到完成，這一年多的時間裡，我不僅深入研究了千層麵包的製作技巧，更與多位烘焙專家進行交流，力求打造出一本內容豐富、實用性強的專業書籍。

Part 1：基本型千層麵包

這一部分，我們將深入解析千層麵包的製作原理和步驟。從三種經典款式入手，掌握製作千層的基礎技巧，並延伸製作鹹甜可頌及調理風格的可頌，讓你從基本款麵包進階到更豐富的變化。

Part 2：進階型奧義千層麵包

在這裡，我們將進入更高層次的烘焙藝術，探索「日式菓子麵團」、「丹麥麵團」、「國王麵團」三種麵團的魅力。每一種麵團都擁有獨特口感和造型變化，將千層麵包昇華至專業水準。

Part 3：鹹派與甜派

這一部分不僅限於麵包，還介紹各種鹹派與甜派的製作方法。從蔬菜青醬牛排鹹派到創新的臺灣鹹酥雞鹹派，滿足你對甜鹹美食的所有渴望。

Part 4：職人特別企劃

我們特邀五位烘焙職人，為讀者呈現他們各自獨創的甜點或麵包食譜。這些獨家分享不僅啟發創作靈感，還能讓你更深入了解千層麵包的無限可能。

這本書的誕生，是對千層麵包藝術的一次全面探索。我希望這本書能成為華人圈最強的可頌專門書籍。願每一位讀者都能在這本書中找到屬於自己的烘焙樂趣，並在烘焙之路上不斷精進，創造出更多美味與驚喜。

期待與你一同踏上這段精彩的千層麵包旅程！

呂昇達老師

WACHTEL
Eric Lin

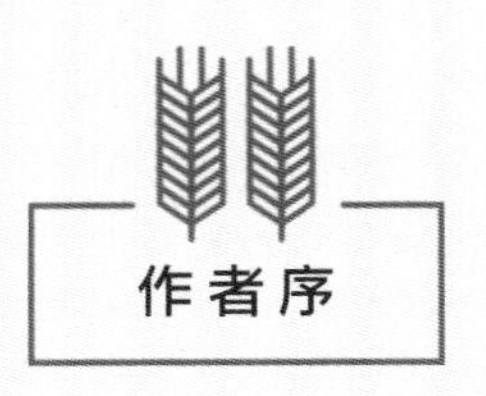

作者序

其實 我沒曾想過會推出第三本書，

直到去年某日的下午，在柳川屋庭院與呂昇達老師閒聊。

「我發現臺灣好像比較少千層類書籍？」

「因為多數家庭內不會有丹麥機，所以製作難度太高。」

「要不我來寫一本手擀千層的書，我的實體課都是手擀。」

「那我年紀比較大，我負責丹麥機製作的千層類。」

「這樣很棒欸，一本書有家庭能實現的手擀千層秘訣，

又能有專業機器設備製作的千層 SOP，

手擀出興趣還能買機器，一本書就能實現兩個願望。」

「那我們一起推出這本書吧，肚子頂肚子歡呼～」

本書以千層麵包為出發點，變化出「入門千層」與「奧義千層」，入門千層是以機器壓延製作的，奧義千層是以手擀為主要作法。輔以「製作工序」精確劃分製作階段，精美的圖文解說，帶給大家最完整的千層概念。

我們一起完成的第三本書，耗時一年，在家就能實現的千層書籍，獻給大家。

艾力克老師

Contents

Chapter 1 入門千層麵包

鹹可頌與甜可頌

續下頁

鹹可頌與甜可頌

承上頁

調理風格可頌系列

續右頁

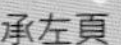
承左頁

Product 27
白醬玉米培根可頌
– 59 –

Product 28
白醬蘑菇堅果可頌
– 60 –

Product 29
洋蔥培根野菇可頌
– 60 –

Product 30
酸菜爐烤豬肉可頌
– 61 –

Product 31
燻鮭菠菜野菇可頌
– 61 –

SPECIAL TOPIC

邊角料應用

Product 32
邊角磅蛋糕千層條
– 62 –

Product 33
邊角南瓜黑芝麻千層條
– 63 –

Product 34
邊角榛果奶油麻吉可頌
– 66 –

Chapter 2
奧義千層麵包

Basic！日式菓子麵團

Product 35
太妃焦糖肉桂捲
– 72 –

Product 36
八結檸檬肉桂捲
– 76 –

Basic！丹麥麵團

續右頁

Product 37
丹麥吐司
– 84 –

Product 38
草莓大理石丹麥吐司
– 90 –

Product 39
巧克力大理石丹麥吐司
– 94 –

Product 40
千層草莓布朗尼吐司
– 98 –

Product 41
紅豆卡士達千層吐司
– 102 –

Product 42
北海道千層吐司
– 104 –

Basic！丹麥麵團

承左頁

Basic！國王麵團

續下頁

Basic！國王麵團

承上頁

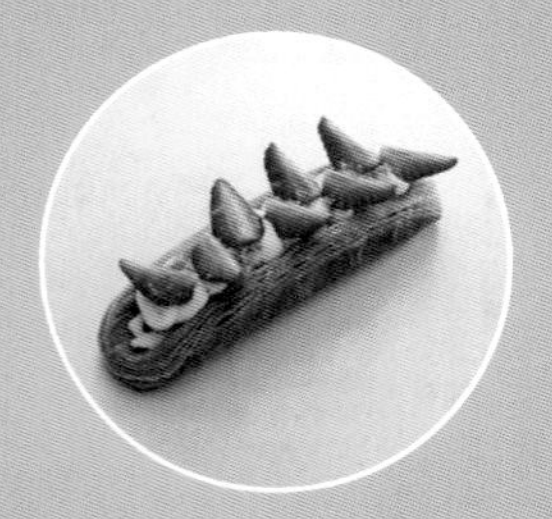

Chapter 3
鹹派與甜派

Quich 系列鹹派

續下頁

Quich 系列鹹派

承上頁

Product 73
酪梨燻鮭花朵鹹派
– 163 –

Product 74
洋蔥脆培根乳酪鹹派
– 163 –

Product 75
酸菜豬肉堅果鹹派
– 164 –

Product 76
松露野菇燻雞鹹派
– 164 –

Product 77
蔬菜青醬牛排鹹派
– 164 –

堅果系列甜派

Product 78
蜂蜜焦糖核桃甜派
– 166 –

Product 79
楓糖森林堅果甜派
– 167 –

Product 80
香草焦糖夏威夷豆甜派
– 168 –

Chapter 4
職人專欄

Step 1、麵團技法二選一：
❶ 直接法可頌

•

Step 1、麵團技法二選一：
❷ 液種法可頌

•

Step 2、共通技法：
裹奶油片

•

Step 3、摺疊技法三選一：
❶ 四摺一 + 三摺一

•

Step 3、摺疊技法三選一：
❷ 四摺二

•

Step 3、摺疊技法三選一：
❸ 三摺三

經典可頌與巨人可頌

•

鹹可頌與甜可頌

•

調理風格可頌系列

•

邊角料應用

麵團技法二選一：❶ 直接法可頌

材料	公克
法國麵包粉（10 ~ 12˚C）	1000
鹽	20
細砂糖	120
新鮮酵母	45
雞蛋（4~6˚C）	50
冰水（4~6˚C）	250
鮮奶（4~6˚C）	230
發酵奶油（ 16 ~ 20˚C）	75

▲如果使用即發乾酵母 15g 即可。

製作工序

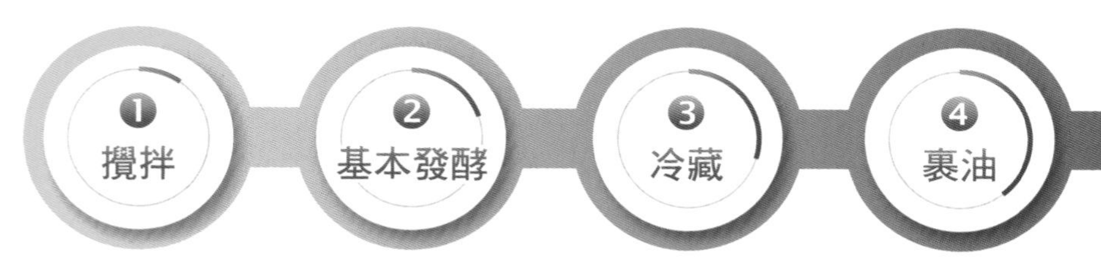

❶ 攪拌
- 粉類材料低速 20 秒
- 下剩餘低速 5 分，中速 5 分
- 麵團完成溫度約 21 ~ 22˚C

❷ 基本發酵
- 30 分鐘，溫度 28˚C / 濕度 70 ~ 75%

❸ 冷藏
- 冷凍 1 小時；2 ~ 4˚C 冷藏至隔夜，約 14 ~ 18 小時

❹ 裹油
- 見 P.24 ~ 25 之方法裹油

❺ 摺疊
- 見 P.26 ~ 29 方法，選擇想要的摺疊技法（三擇一）

作法

1　**攪拌**：攪拌缸分區下法國麵包粉、鹽、細砂糖，用低速打 20 秒；再依序下剩餘的所有材料，低速 5 分鐘，轉中速 5 分鐘。

2　攪拌成有延展性的擴展狀態，要避免攪打過度，光滑就可，因為要發酵到隔夜，打太剛好，我們設定要發酵到隔夜可能會有問題（麵團終溫 21 ~ 22°C）。

3　**基本發酵**：烤盤抹水，放上麵團收整成圓形，中心切十字，送入發酵箱基本發酵 30 分鐘，溫度 28°C / 濕度 70 ~ 75%。

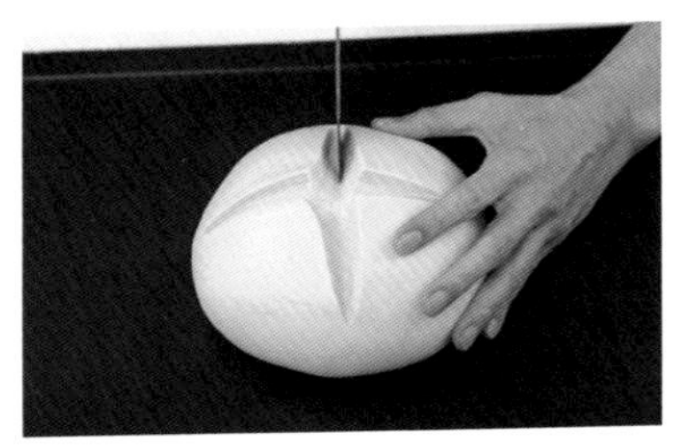

4　**冷藏**：手抹油，用刮板從底部鏟入取下麵團，移動到袋子上。用手掌壓至厚度 1 公分，再把四邊用袋子妥善包覆，表面再覆蓋一張袋子，用擀麵棍把麵團朝四邊推平，移動到烤盤上，冷凍 1 小時，再移動到 2 ~ 4°C 冰箱低溫發酵 14 ~ 18 小時。

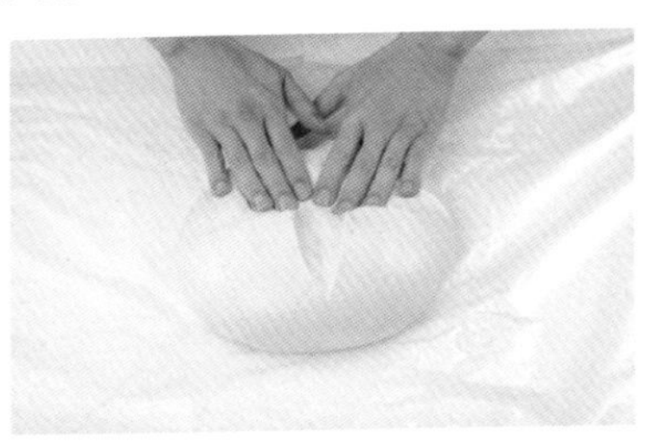
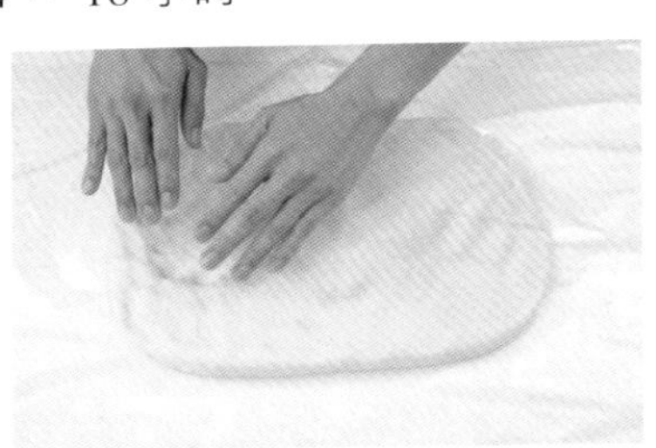
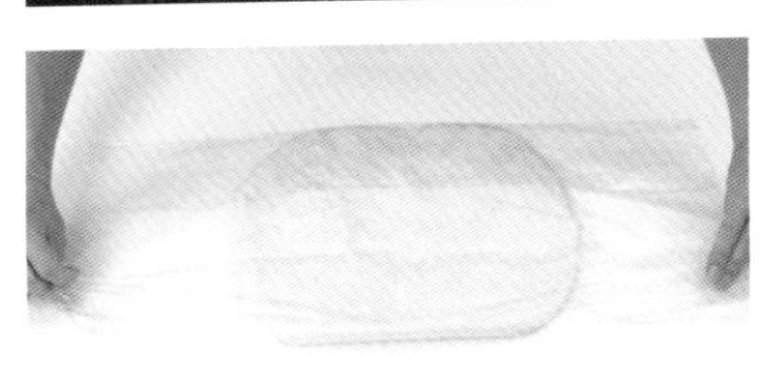
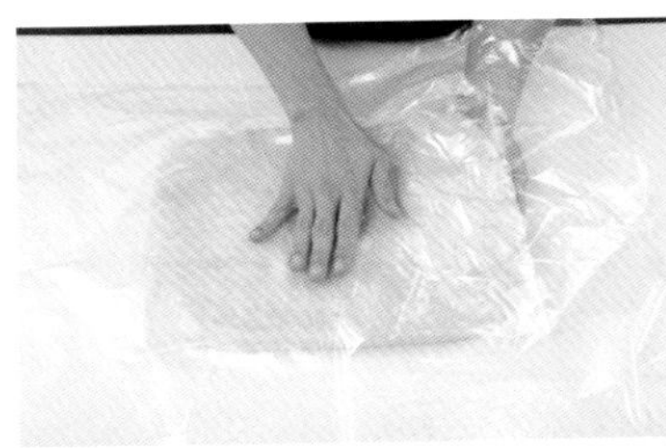
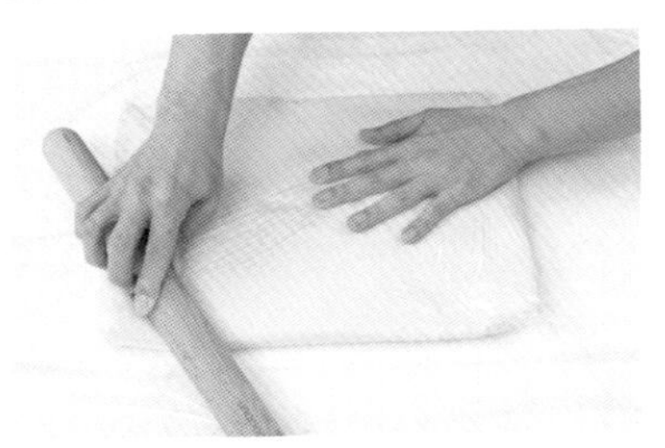
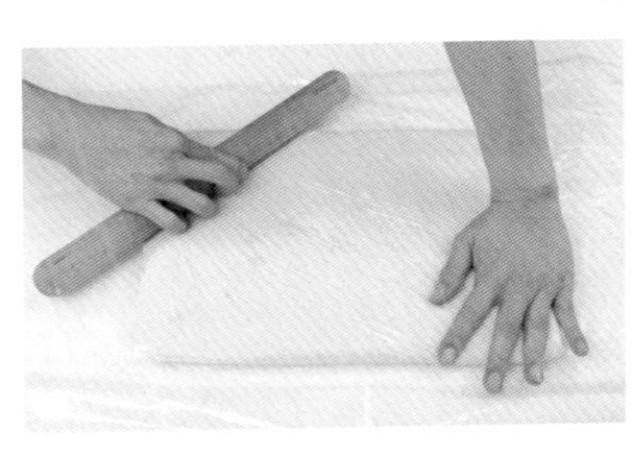

麵團技法二選一：❷ 液種法可頌

材料

液種	公克
水	250
法國麵包粉	250
新鮮酵母	5

主麵團	公克
法國麵包粉（10 ~ 12°C）	750
鹽	20
細砂糖	120
新鮮酵母	40
鮮奶（4~6°C）	230
雞蛋（4~6°C）	50
發酵奶油（16~20°C）	75
★液種（參考本頁製作）	全部

製作工序

- 製作液種
- 製作主麵團

- 30 分鐘，溫度 28°C / 濕度 70 ~ 75%

- 冷凍 1 小時；2 ~ 4°C 冷藏至隔夜，約 14 ~ 18 小時

- 見 P.24 ~ 25 方法裹油

- 見 P.26 ~ 29 方法，選擇想要的摺疊次數

作法

1 **製作液種**：攪拌缸加入所有材料，低速攪拌 3 分鐘，把所有材料拌勻即可。容器蓋上保鮮膜，在室溫 25°C 下發酵 60 分鐘，即可使用。

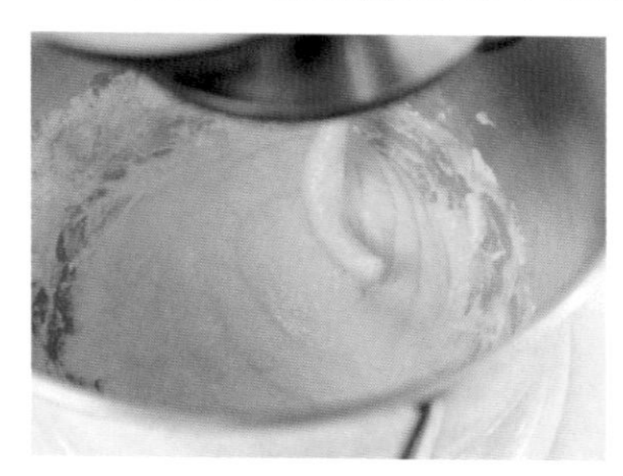

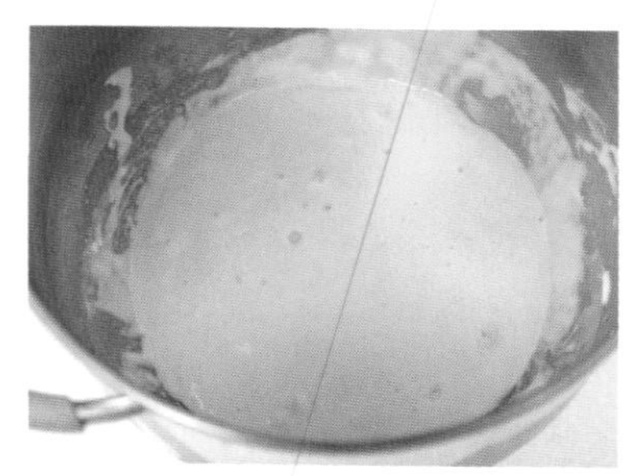

2　**製作主麵團攪拌**：攪拌缸分區下法國麵包粉、鹽、細砂糖，用低速打 20 秒；再依序下剩餘的所有材料，低速 5 分鐘，轉中速 5 分鐘。

3　攪拌成有延展性的擴展狀態，要避免攪打過度，光滑就可，因為要發酵到隔夜，如果攪拌過度，我們設定要發酵到隔夜可能會有問題（麵團終溫 21 ~ 22°C）。

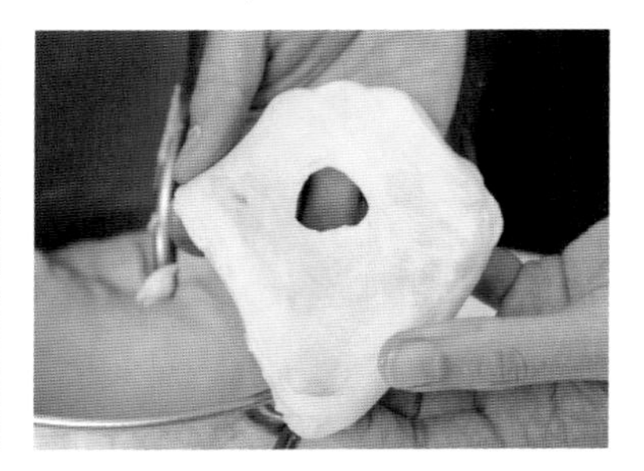

4　**基本發酵**：放上麵團收整成圓形，中心切十字，送入發酵箱基本發酵 30 分鐘，溫度 28°C / 濕度 70 ~ 75%。

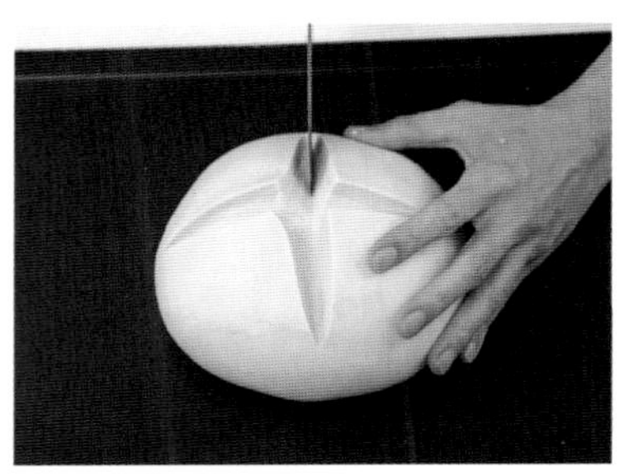

5　**冷藏**：手抹水，用刮板從底部鏟入取下麵團，移動到袋子上。用手掌壓至厚度 1 公分，再把四邊用袋子妥善包覆，表面再覆蓋一張袋子，用擀麵棍把麵團朝四邊推平，移動到烤盤上，冷凍 1 小時，再移動到 2 ~ 4°C 冰箱低溫發酵 14 ~ 18 小時。

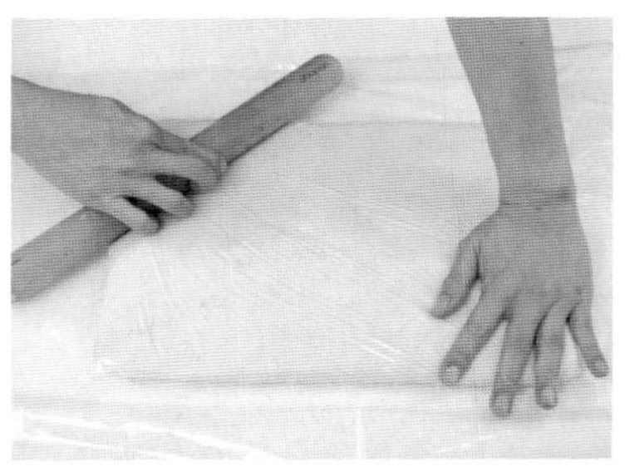

共通技法：裹奶油片

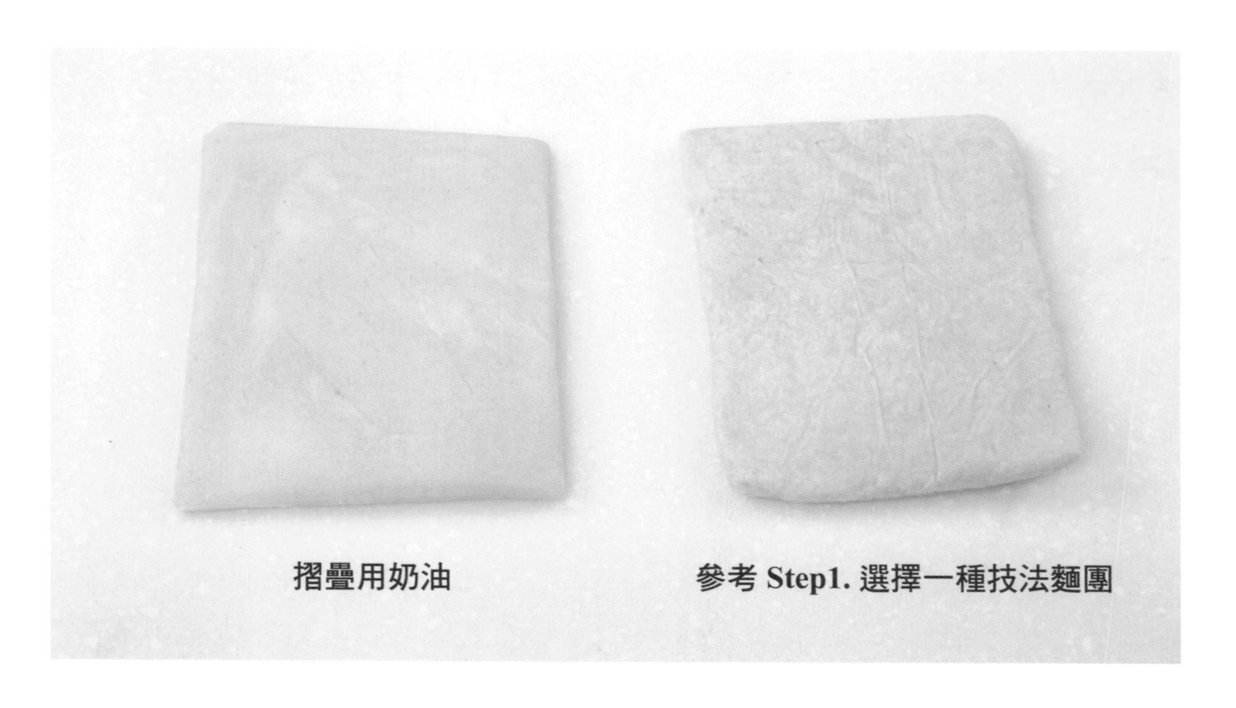

材料

麵團二選一	公克	裹油	公克
直接法可頌（P.20 ~ 21）	全部	摺疊用奶油	500
液種法可頌（P.22 ~ 23）	全部		

作法

1　**裹油**：取出冷藏隔夜的麵團，去掉袋子，整片以指尖輕壓，輔助麵團達到合適軟硬度。

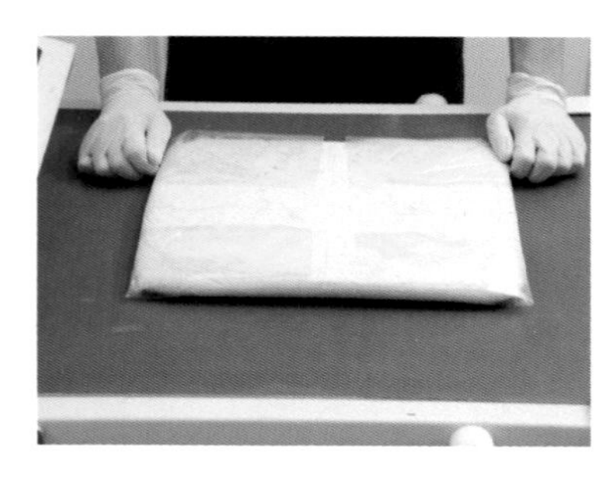

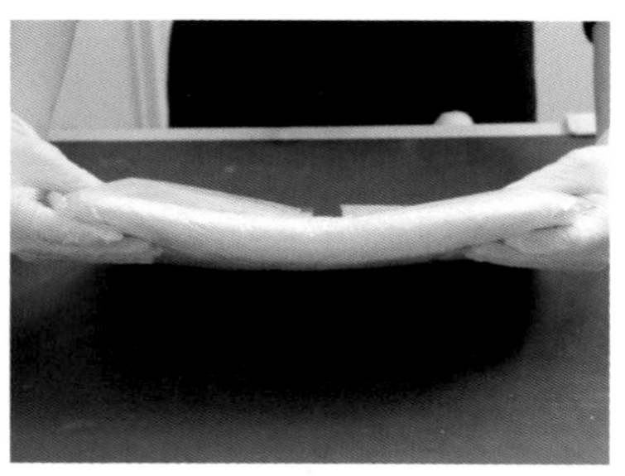

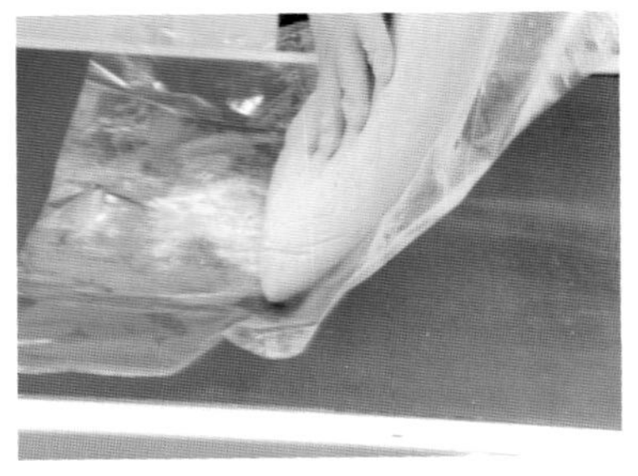
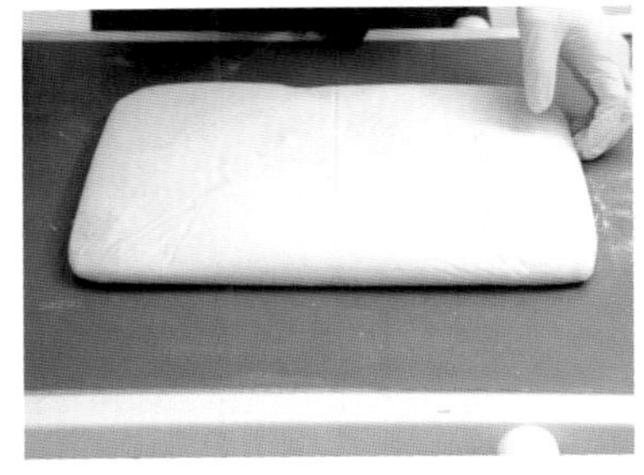

2　送入壓麵機壓延至厚度 2 公分。刻度一點一點往下調，來回數次壓延至所需厚度。

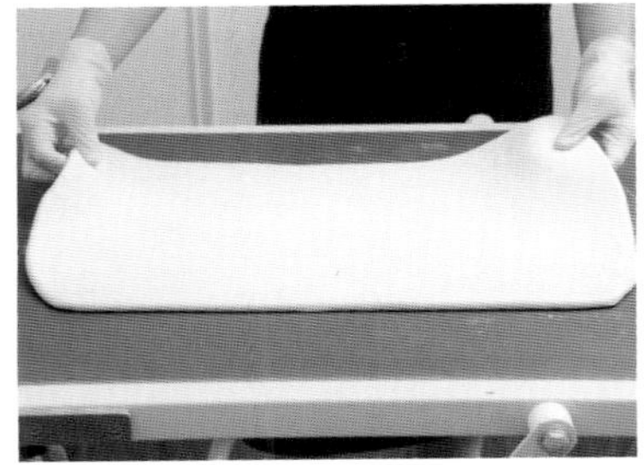
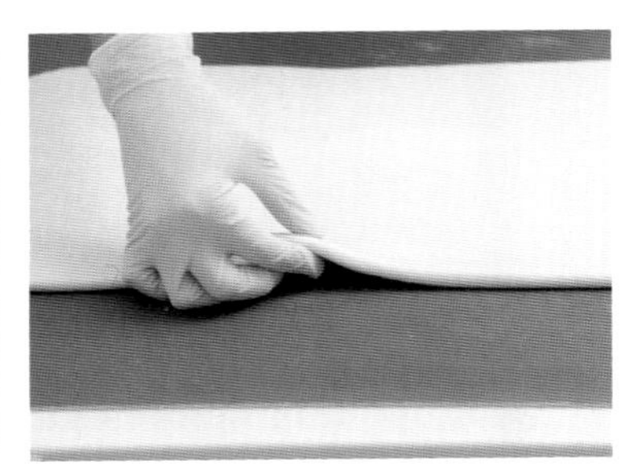

3　麵團中心鋪上奶油片（奶油片是麵團長的一半，寬一致），左右朝內摺疊。

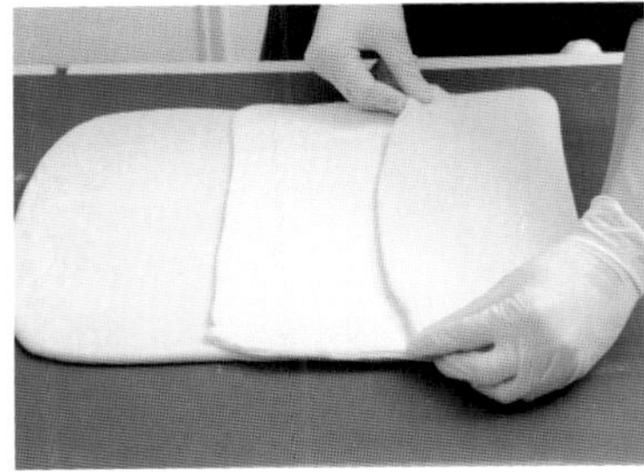
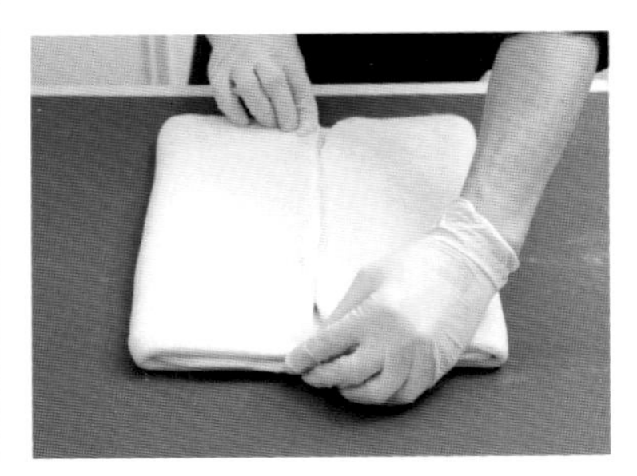

4　兩側用小刀割開，再用擀麵棍輕壓麵團，讓麵團與奶油更貼合。

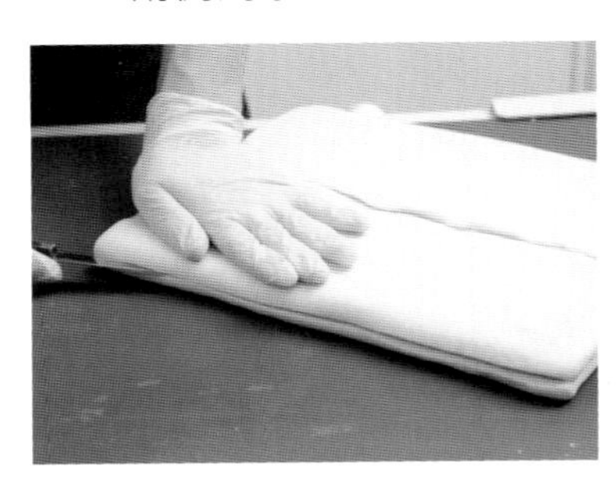
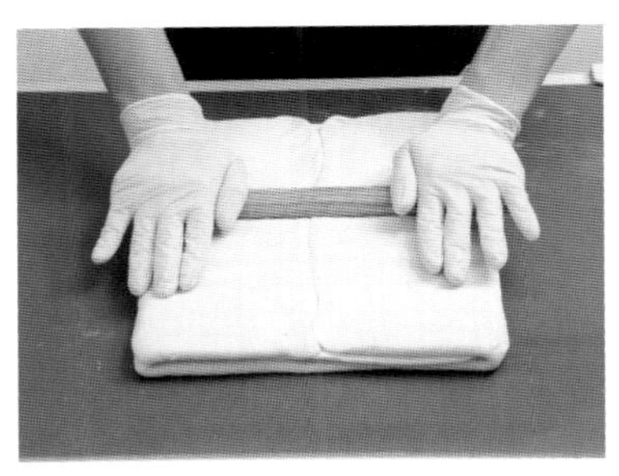
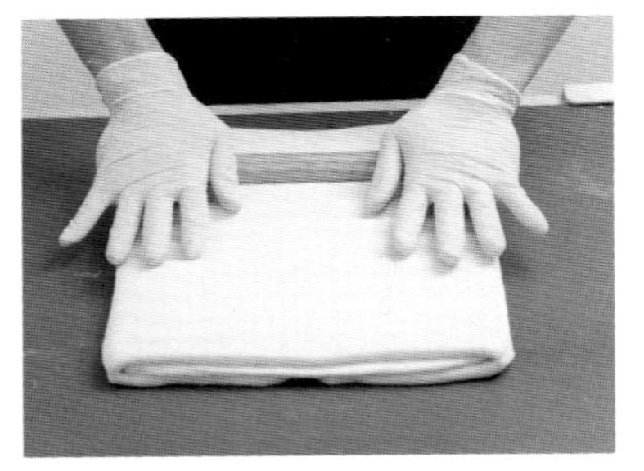

5　裹油做到此處便結束了，接下來請至「Step 3」選擇摺疊次數與技法。

Tips! 在本頁作法中，如果您是用機器操作，可以直接做摺疊不需冷藏；如果您是手工擀壓，建議做到步驟 5 後要再將麵團用袋子妥善包覆，冷藏 30 分鐘讓麵團降溫，再接續「Step 3 摺疊」。

本書可頌製作流程圖

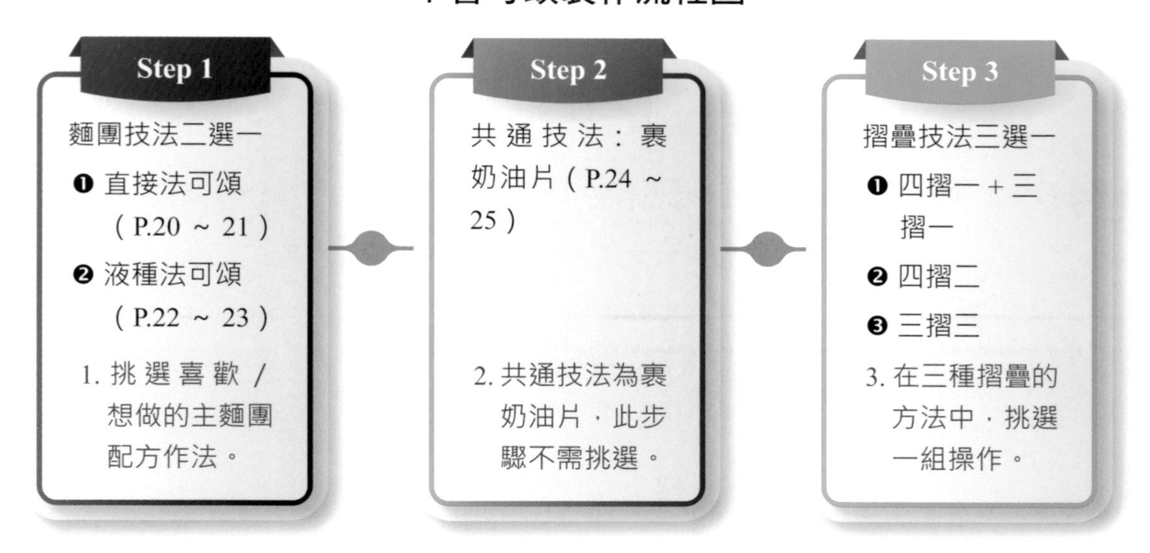

Tips! 千層可頌酥皮的摺疊手法對於成品的層次、口感和外觀都有很大的影響。以下是三種不同的摺疊方式及其對可頌成品的影響：

【綜合比較】

- 四摺一次加上三摺一次：層次適中，口感平衡，外觀酥脆。
- 四摺兩次：層次豐富但不過多，口感較為柔軟，外層酥脆。
- 三摺三次：，層次最多，內部鬆軟但略緊實，口感均衡，外觀酥脆。

每種摺疊方式都有其特點，選擇哪一種取決於個人對可頌口感和層次的偏好。

此外，星緯師傅表示四摺一次加上三摺一次奶油風味較為明顯；四摺二次更偏重麥香。

摺疊技法三選一：❶ 四摺一 + 三摺一

作 法

1 **四摺一**：取出 Step 2 裹油冷藏後的麵團，將包覆袋子拆開。麵團用擀麵棍或壓延機延展，壓至厚度 0.7 ~ 0.8 公分。

2 麵團一側取 1/5 朝中心摺回，取另一側麵團摺回，中心處用擀麵棍輕壓一下。

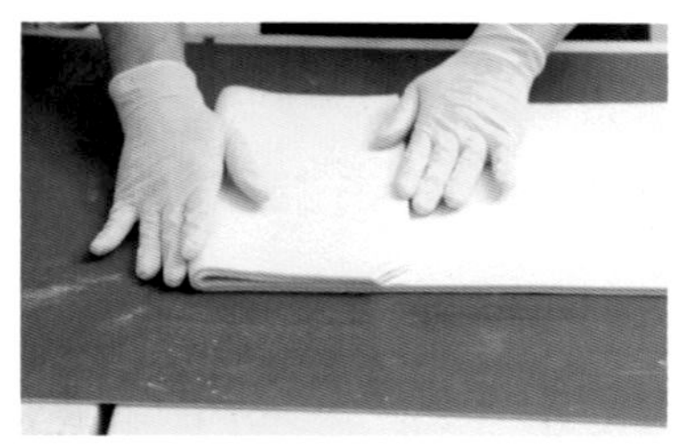

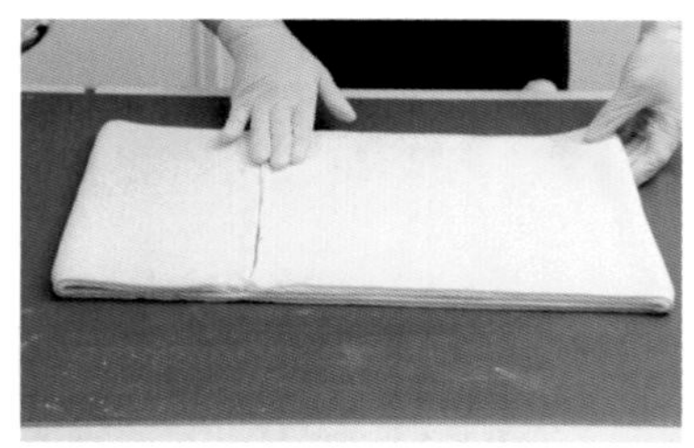

3　麵團取一側順著壓凹處摺回（此為四摺），左右兩側用小刀輕輕割開。

Tips!

用擀麵棍與割開，都是為了幫助麵團鬆弛。

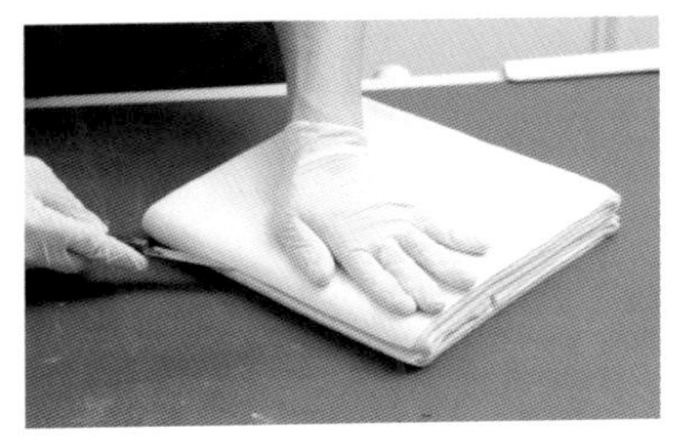
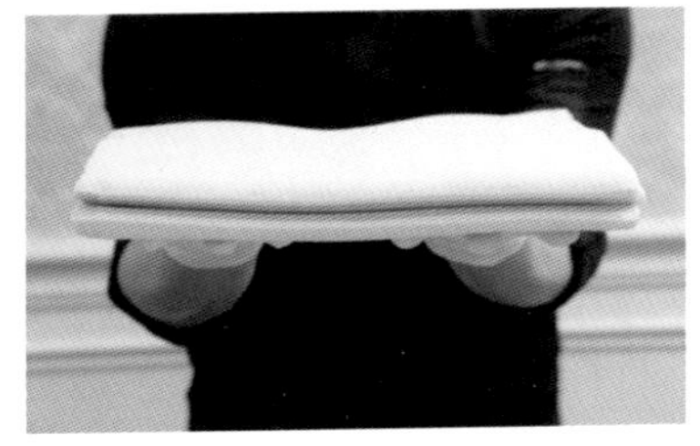

4　把袋子鋪開輕輕放上麵團，將四邊妥善包覆，放上烤盤送入冰箱（溫度 -6 至 -8°C），冷凍 45 ~ 60 分鐘。

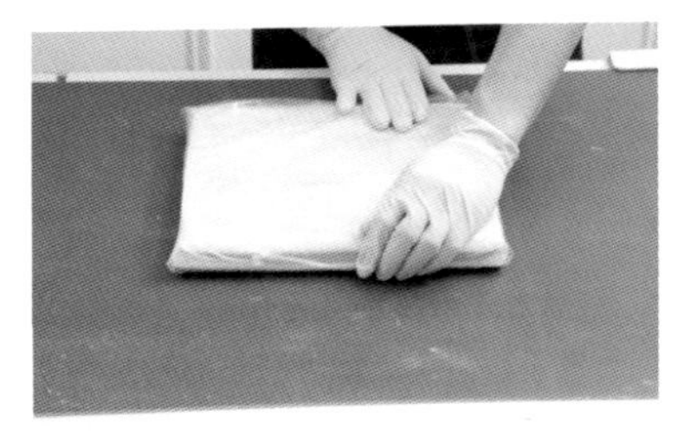
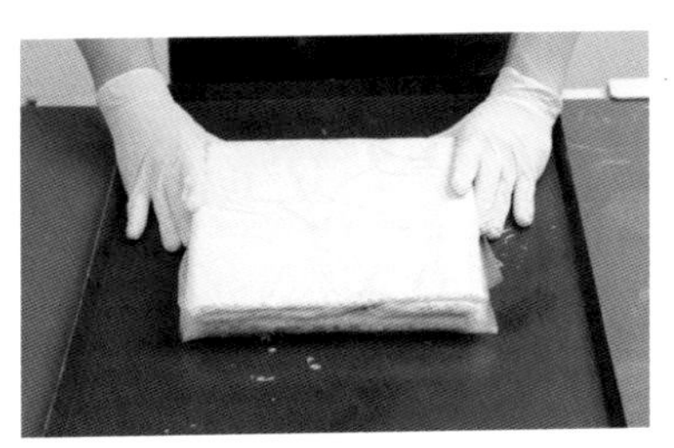

5　三摺一：取出冷藏後的麵團，用擀麵棍或壓延機延展，壓至厚度 0.8 公分。

6　麵團一側取 1/3 朝中心摺回，取另一側麵團摺回（此為三摺），左右兩側用小刀輕輕割開。

7　桌面鋪上袋子輕輕放上麵團，將四邊妥善包覆，放上烤盤送入冰箱（溫度 -6 至 -8°C），冷凍 45 ~ 60 分鐘。

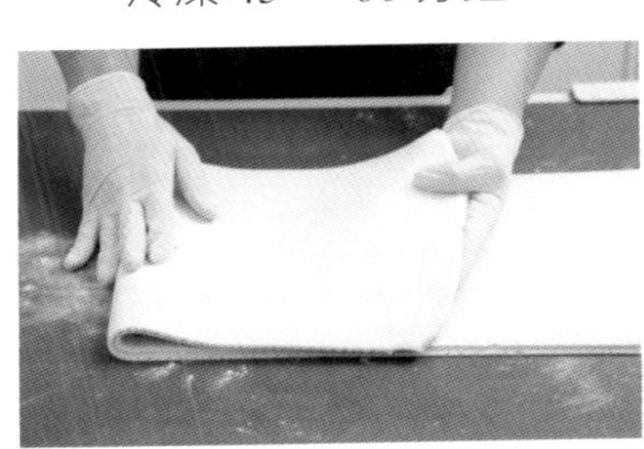

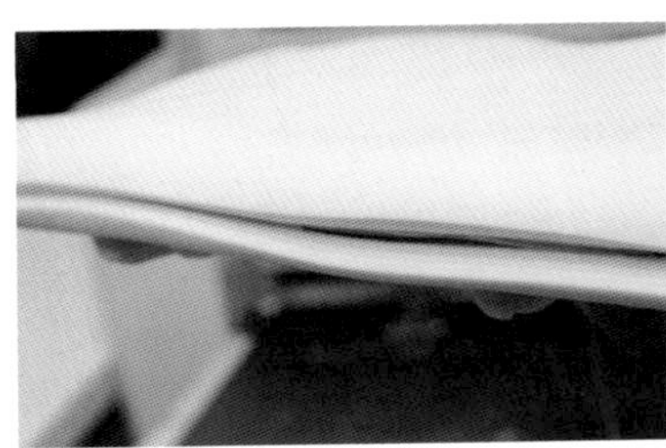

Tips!

做到這個步驟，接下來便可製作產品了，此摺疊方法適合厚度 0.3 ~ 0.35 公分的可頌商品。

摺疊技法三選一：❷ 四摺二

作法

1 **四摺一**：取出 Step 2 裹油冷藏後的麵團，將包覆袋子拆開。麵團用擀麵棍或壓延機延展，壓至厚度 0.7 ~ 0.8 公分。

2 麵團一側取 1/5 朝中心摺回，取另一側麵團摺回，中心處用擀麵棍輕壓一下。

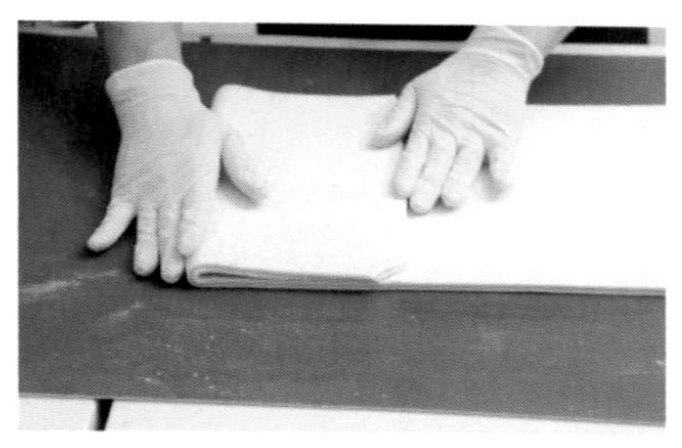
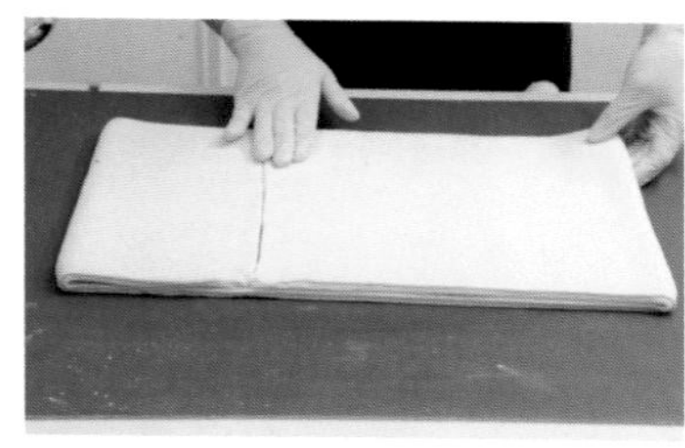

3 麵團取一側順著壓凹處摺回（此為四摺一），左右兩側用小刀輕輕割開。

Tips! 用擀麵棍與割開，都是為了幫助麵團鬆弛。

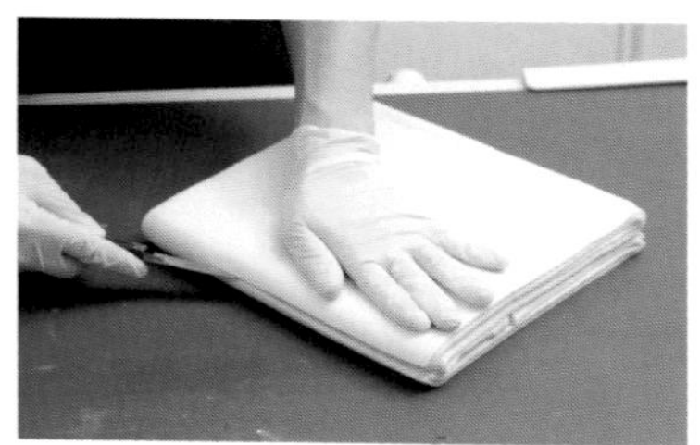
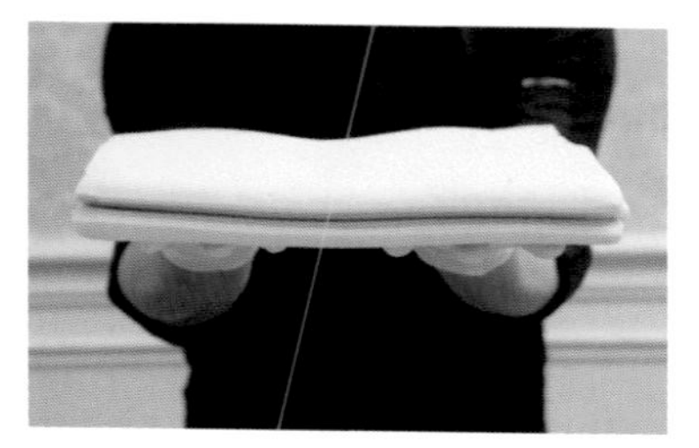

4 把袋子鋪開，輕輕放上麵團，將四邊妥善包覆，放上烤盤送入冰箱（溫度 -6 至 -8°C），冷凍 45 ~ 60 分鐘。

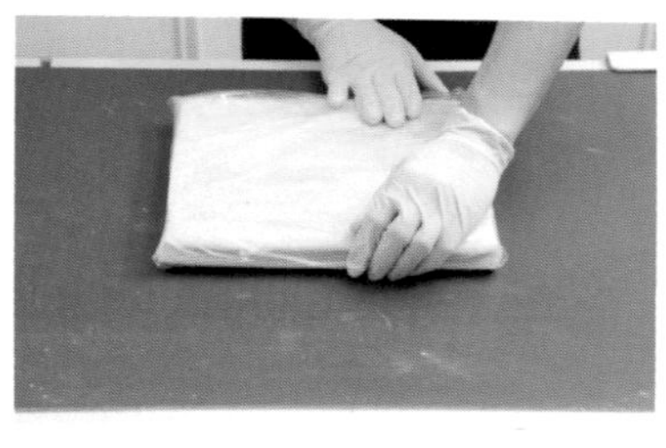
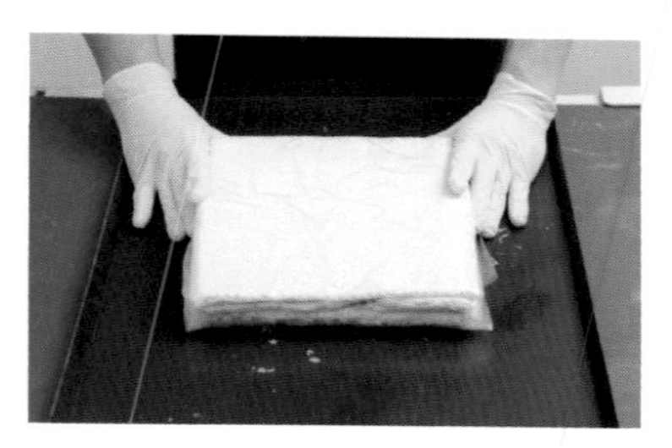

5 **四摺二**：取出冷藏後的麵團，用擀麵棍或壓延機延展，壓至厚度 0.8 公分。

6 麵團一側取 1/5 朝中心摺回，取另一側麵團摺回，中心處用擀麵棍輕壓一下；麵團取一側順著壓凹處摺回（此為四摺二），左右兩側用小刀輕輕割開（參照上述作法圖片製作）。

7 桌面鋪上袋子，輕輕放上麵團，將四邊妥善包覆，放上烤盤送入冰箱（溫度 -6 至 -8°C），冷凍 45 ~ 60 分鐘。

Tips! 做到這個步驟，接下來便可製作產品了，此摺疊方法適合厚度 0.35 ~ 0.4 公分的可頌商品。

摺疊技法三選一：❸ 三摺三

作法

1 三摺一：取出 Step 2 裹油冷藏後的麵團，將包覆袋子拆開。麵團用擀麵棍或壓延機延展，壓至厚度 0.8 公分。

2 麵團一側取 1/3 朝中心摺回，取另一側麵團摺回（此為三摺一），左右兩側用小刀輕輕割開。

3 桌面鋪上袋子輕輕放上麵團，將四邊妥善包覆，放上烤盤送入冰箱（溫度 -6 至 -8°C），冷凍 45 ~ 60 分鐘。

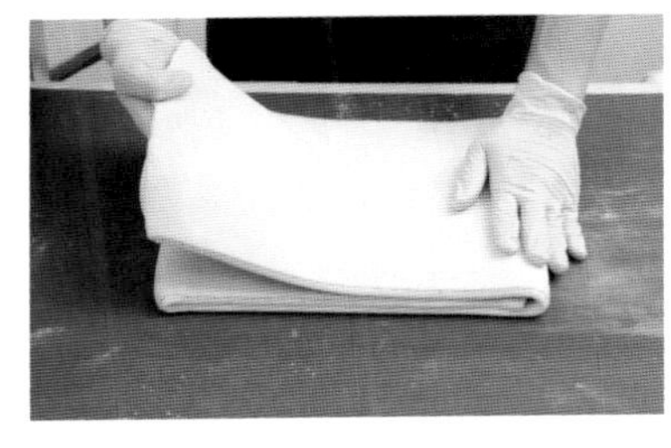

4 三摺二：取出冷藏後的麵團，用擀麵棍或壓延機延展，壓至厚度 0.8 公分；麵團一側取 1/3 朝中心摺回，取另一側麵團摺回（此為三摺二），左右兩側用小刀輕輕割開。

5 桌面鋪上袋子輕輕放上麵團，將四邊妥善包覆，放上烤盤送入冰箱（溫度 -6 至 -8°C），冷凍 45 ~ 60 分鐘。

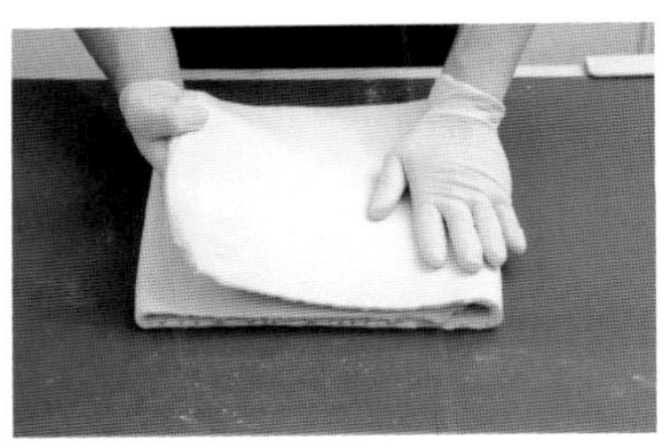
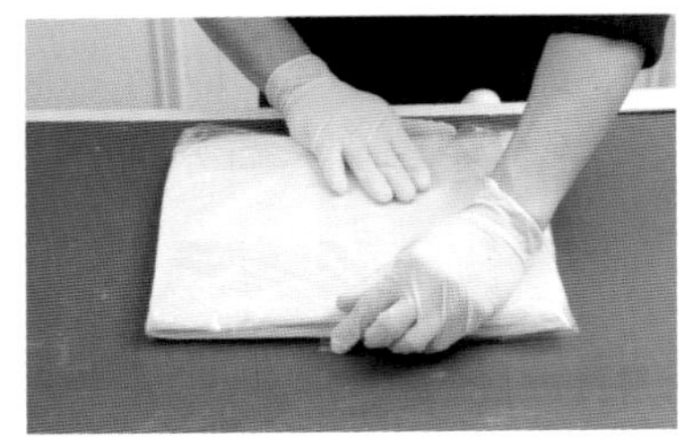

6 三摺三：取出冷藏後的麵團，用擀麵棍或壓延機延展，壓至厚度 0.8 公分；麵團一側取 1/3 朝中心摺回，取另一側麵團摺回（此為三摺三），左右兩側用小刀輕輕割開。

7 桌面鋪上袋子輕輕放上麵團，將四邊妥善包覆，放上烤盤送入冰箱（溫度 -6 至 -8°C），冷凍 45 ~ 60 分鐘。

Tips! 做到這個步驟，接下來便可製作產品了，此摺疊方法適合高油量、厚度約 0.4 公分的可頌商品。

經典可頌麵包

巨人可頌

超巨人可頌

製作工序

- 使用摺疊完成之麵團（從三個摺疊方式中擇一）
- 參考作法整形
- 120 分鐘，溫度 25 ～ 26°C 濕度 75%
- 刷蛋黃液。參考作法烘烤。刷糖漿復烤

作 法

1　把摺疊好的麵團以壓延機壓延至厚度 0.4 公分（壓延機每次進出以 0.2 公分調整數值，慢慢壓延）。**造型 1 經典可頌**：長 30 × 寬 8 × 厚 0.3 ～ 0.4 公分（分割重量 100g）。**造型 2 巨人可頌**：長 30 × 寬 10 × 厚 0.4 公分（分割重量 120g）。**造型 3 超巨人可頌**：長 65 × 寬 14 × 厚 0.4 公分（分割重量 350g）。

2　**分割**：選擇製作產品，先壓延出符合的長度，再用尺量出寬度，裁切成三角片。

3　**整形**：雙手把麵皮拉寬一些，從最寬面開始捲起，邊捲邊把另一端麵皮拉開，緊密捲起。

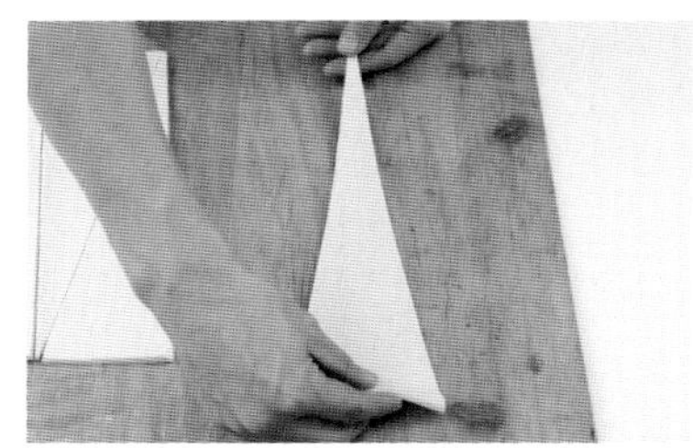
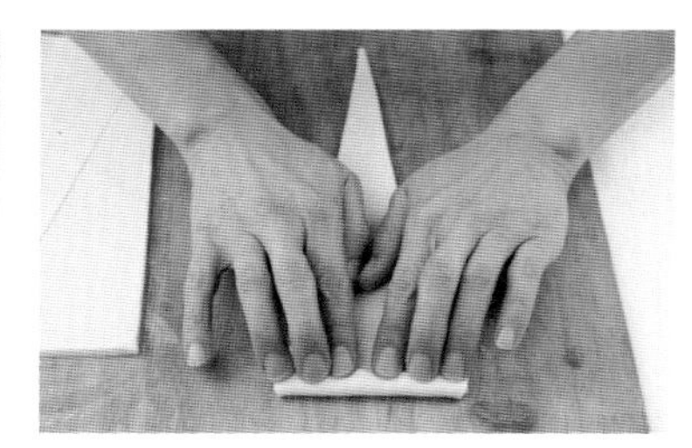

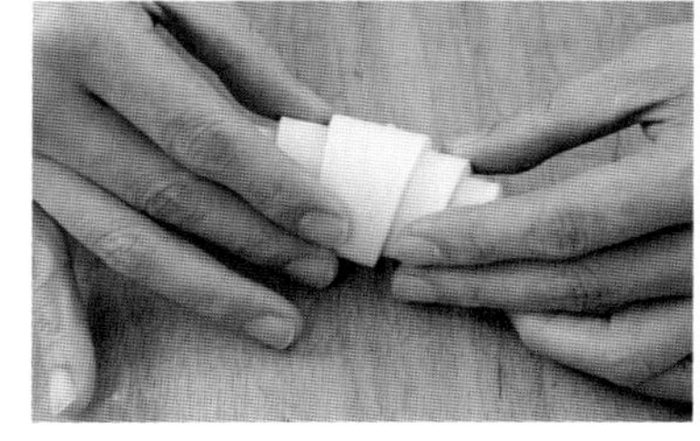

4　**最後發酵**：120 分鐘，溫度 25 ～ 26°C / 濕度 75%。

5　**裝飾烘烤**：表面抹上一層薄薄的蛋黃液，送入預熱好的烤箱。
造型 1 經典可頌：以上下火 200°C，烤 18 ～ 20 分鐘。
造型 2 巨人可頌：以上下火 200°C，烤 20 ～ 22 分鐘。
造型 3 超巨人可頌：以上下火 190°C，烤 40 ～ 45 分鐘。

6　出爐後刷香草糖漿（P.33），再次復烤 2 ～ 3 分鐘，完成～

黑胡椒乳酪
美乃滋可頌

青醬乳酪
美乃滋可頌

穀物可頌麵包

材料

挑選原味可頌		公克
PRODUCT.1	經典可頌麵包	適量

香草糖漿	公克
細砂糖	200
水	200
新鮮香草莢	1 條

口味變化		公克
PRODUCT.4	蛋黃液、青醬、乳酪絲	適量
PRODUCT.5	蛋黃液、乳酪絲、美乃滋、黑胡椒粒	適量
PRODUCT.6	蛋黃液、南瓜籽、生黑芝麻	適量

Tips!
❶ 新鮮香草莢剖半取籽。鍋子加入所有材料（包含新鮮香草莢條、籽）一同煮滾，放涼。
❷ 用保鮮膜把容器封起冷藏一晚，使用前把新鮮香草莢條取出。

作法

1 參考 P.30 ～ 31 將經典可頌麵包完成至作法 4 最後發酵後。

2 **口味變化**：表面抹上一層薄薄的蛋黃液，從裝飾開始變化口味，依據想要的口味選擇撒上的配料。

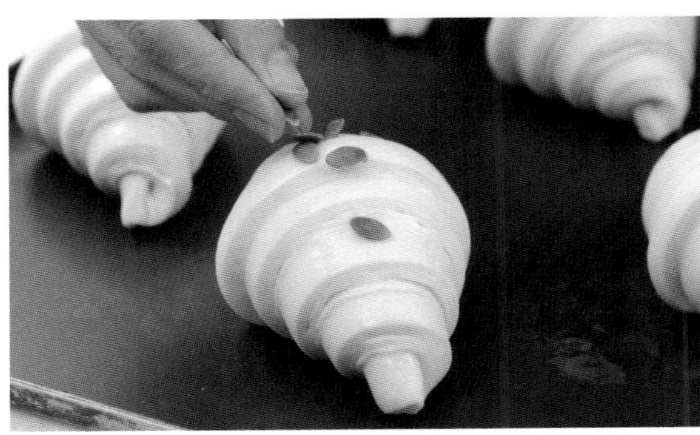

3 **烘烤**：送入預熱好的烤箱，以上下火 200°C，烤 20 ～ 22 分鐘。出爐後刷香草糖漿，再次復烤 2 ～ 3 分鐘。

檸檬糖霜可頌

檸檬糖霜

材料

	公克
純糖粉	100
新鮮檸檬汁	20

作法

1 純糖粉預先過篩。
2 加入新鮮檸檬汁以打蛋器拌勻，拌至材料均勻融合看不見粉粒。

作法

1 參考 P.30 ~ 31 將經典可頌麵包完成至烘烤出爐後。
2 淋上拌勻的檸檬糖霜，撒新鮮檸檬皮屑。

Tips! 檸檬皮屑需在淋上糖霜後，趁糖霜未乾時新鮮現刨，太早刨檸檬皮會氧化。

香草焦糖夏威夷豆可頌

香草焦糖夏威夷豆餡

材料

	公克
蜂蜜	30
細砂糖	60
動物性鮮奶油	40
香草莢醬	3
夏威夷豆	200

作法

1 全部材料一同熬煮，煮至呈濃稠金黃色。

作法

1 參考 P.30 ~ 31 將經典可頌麵包完成至烘烤出爐後。

2 可頌上面擠一條堅果榛果帕林內（P.45）。

3 鋪上適量香草焦糖夏威夷豆餡。

依思尼焦糖海鹽丁可頌

北海道煉乳奶油

材料　　公克

材料	公克
無鹽奶油	500
糖粉（過篩）	150
煉乳	200

作法

1　無鹽奶油常溫軟化至 16 ~ 20°C，加入過篩糖粉，低速 1 分鐘，轉中速 1 分鐘，轉高速打發至材料反白。

2　加入煉乳再次打發至材料呈現絲綢雲朵狀，完成備用。

作法

1　參考 P.30 ~ 31 將經典可頌麵包完成至烘烤出爐後。

2　擠花袋套入花嘴 SN7033，裝入完成的北海道煉乳奶油。

3　平平地擠數道在可頌上，完成後撒適量焦糖海鹽丁。

BUTTER
19號5A無鹽片裝奶油

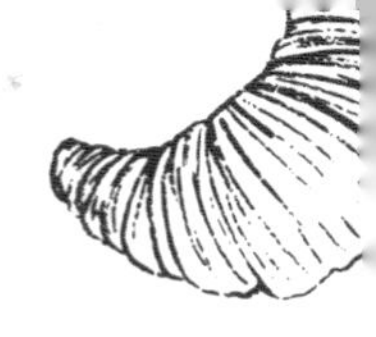

香草奶油卡士達可頌

卡士達醬

材料	公克
卡士達粉	100
動物性鮮奶油	200
鮮奶	180

作法

1 卡士達粉預先過篩（避免後續拌勻結粒）。

2 攪拌缸放入所有材料，低速拌勻即完成。

作法

1 參考 P.30 ~ 31 將經典可頌麵包完成至烘烤出爐後。

2 擠花袋套入圓形花嘴（任意一款花嘴皆可），裝入完成的卡士達醬。

3 在可頌底部戳一個洞，灌入適量卡士達醬，表面篩防潮糖粉，完成~

黃金流沙可頌

黃金流沙餡

材料

	公克
鹹蛋黃	20
細砂糖	50
蛋黃	50
玉米粉	15
鮮奶	250

作法

1 鹹蛋黃烤熟過篩，加入細砂糖、蛋黃、過篩玉米粉攪拌均勻。

2 鮮奶煮至沸騰冒泡，沖入步驟 1 之後快速拌均，回煮至小滾沸騰。

3 倒入平盤中鋪平，保鮮膜貼面覆蓋，冷凍備用。

4 使用前取出切 8 ~ 10g，預備用於包入可頌之中。

作法

1 參考 P.30 ~ 31 將經典可頌麵包完成至烘烤出爐後（但注意，需要在整形步驟捲起到中間時，放入一顆分割好的黃金流沙餡）。

榛果奶油可頌

榛果奶油餡

材 料

	公克
無鹽奶油	100
細砂糖	100
雞蛋	100
榛果粉	100
低筋麵粉	15

作 法

1　全部材料攪拌均勻即可。

作 法

1　擠花袋套入圓形花嘴（任意一款花嘴皆可），裝入完成的內餡。

2　參考 P.30 ~ 31 將經典可頌麵包完成至烘烤出爐後（烘烤前在可頌表面擠上適量完成的內餡），烘烤數據為上下火 200°C，烤 10 ~ 12 分鐘。

蒙布朗奶油可頌

蒙布朗奶油餡

材料	公克
軟化無鹽奶油	100
有糖栗子醬	400
蘭姆酒	10
動物性鮮奶油	50~60

作法

1 全部材料攪拌均勻即可。

根據軟硬度調整加入的動物性鮮奶量，建議第一次加入 50g 拌勻，觀察軟硬度，有需要軟一些再少量補。

軟硬度判斷依據是「好擠花的軟硬度」，不能太乾硬。

作法

1 參考 P.30 ~ 31 將經典可頌麵包完成至烘烤出爐後。

Tips! 本產品使用圓形可頌示範。將完成摺疊後的麵團壓延至 0.8 公分，切長條片，捲起，裁切 2.5 公分厚度，切面朝上放入模具（10 公分矽膠模）。最後發酵 60 分鐘（溫度 25 ~ 26°C / 濕度 75%），後發完成後以上下火 200°C，烤 20 ~ 22 分鐘。

2 擠花袋套入玫瑰花嘴 SN7522，裝入完成的內餡。

3 在可頌表面一層一層擠出圓片花瓣，表面篩適量防潮糖粉，完成~

鹽之花焦糖帕林內可頌

堅果榛果帕林內

材料	公克
細砂糖	185
榛果粒	100
綜合堅果	240
香草莢醬	5

作法

1　有柄厚鋼鍋加入細砂糖，中火乾燒焦糖讓它焦化。煮的過程可以用長柄刮刀刮過鍋底，輔助焦糖融化，煮到呈現焦糖咖啡色澤，倒上矽膠墊（無洞洞），冷卻放涼，待焦糖變硬。

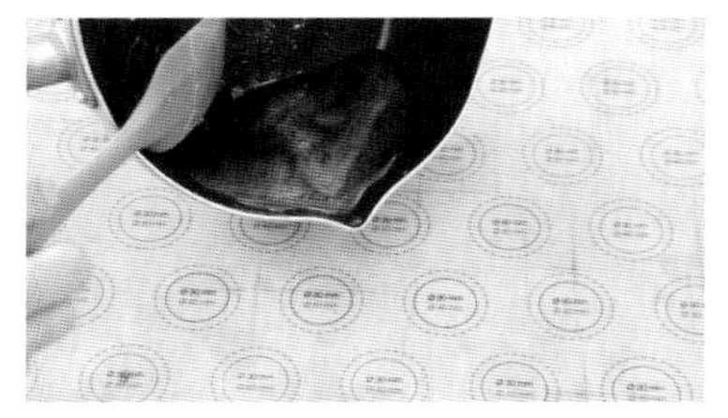

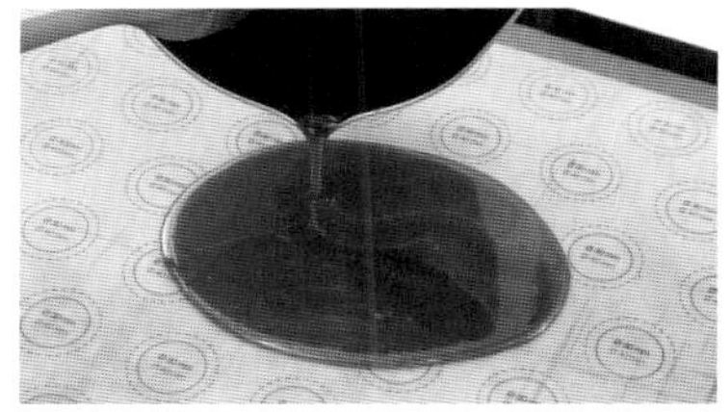

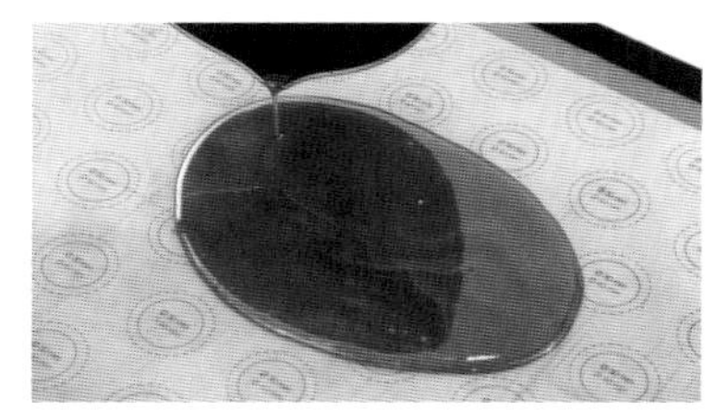

2　輕輕把完成的焦糖掰成小片，所有材料放入食物調理機打成泥狀，完成。

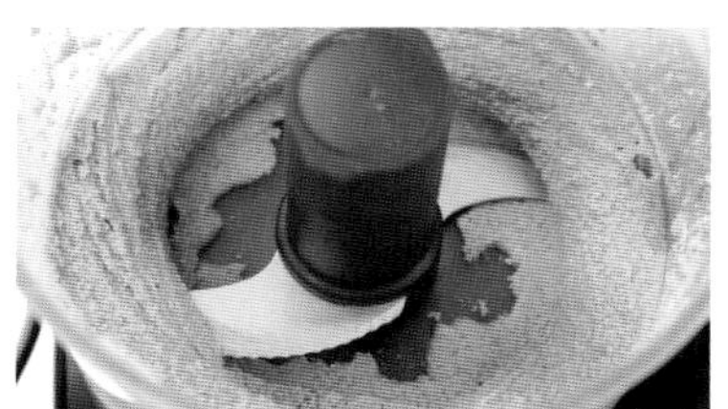

作法

1　參考 PRODUCT.34 邊角榛果奶油麻吉可頌（P.67），將特殊造型麵包完成至烘烤出爐。

2　表面先擠上適量鹽之花焦糖奶油醬（P.137），再擠適量堅果榛果帕林內，撒綜合堅果。

芋泥千層可頌

作法

1 參考 P.30 ~ 31 將經典可頌麵包完成至烘烤出爐後。

Tips! 部分數據與參照頁略有不同，請參見下方說明：

整形：裁切長 24 × 寬 4 × 厚 0.3 ~ 0.4 公分之片狀。

最後發酵：70 分鐘（溫度 25 ~ 26°C / 濕度 75%）。

烘烤數據：上下火 200°C，18~20 分鐘。

2 使用法國 AOP 奶油芋頭餡，擠花前先確認餡料軟硬度，如果餡料偏硬不好擠，可以加入少許的動物性鮮奶油拌勻，調整軟硬度。

3 擠花袋套入花嘴 SN7241，裝入完成的餡料，橫向擠滿烘烤完成之千層底座，完成～

焦糖奶油橘子可頌

作法

1 參考 P.30 ~ 31 將經典可頌麵包完成至烘烤出爐後。

Tips! 部分數據與參照頁略有不同，請參見下方說明：

整形：裁切長 24×寬 4×厚 0.3 ~ 0.4 公分之片狀。

最後發酵：70 分鐘（溫度 25 ~ 26°C / 濕度 75%）。

烘烤數據：上下火 200°C，18~20 分鐘。

2 有柄厚鋼鍋加入 200g 細砂糖，中火乾燒焦糖讓它焦化。煮的過程可以用長柄刮刀刮過鍋底，輔助焦糖融化。煮到呈現焦糖、咖啡色澤（煮的顏色深淺，會影響成品顏色與口味，顏色淺較甜；顏色深則帶有微苦的風味）。

3 完成的焦糖與軟化的無鹽奶油拌勻（比例為焦糖 1：奶油 2）；擠花袋套入星形花嘴（任意一款花嘴皆可），裝入完成的餡料。

4 在長條千層上擠閃電狀小花，再把焦糖擠在擠花造型旁邊（無花嘴），表面點綴適量的糖漬栗子、剁碎的綜合堅果、糖漬橘皮條。

焦糖海鹽丁核桃可頌吐司

作法

1 參考 PRODUCT.32 邊角磅蛋糕千層條（P.64），將特殊造型麵包完成至烘烤出爐。
2 擠花袋套入花嘴 SN7033，裝入完成的北海道煉乳奶油（P.37），在長條造型前後各擠數條造型。
3 二砂糖 50g、蜂蜜 30g、無鹽奶油 30g、動物性鮮奶油 40g、核桃 200g 一同拌勻，鋪在中心。
4 前後再撒焦糖海鹽丁，完成~

焦糖核桃可頌吐司

作法

1. 參考 PRODUCT.32 邊角磅蛋糕千層條（P.64），將特殊造型麵包完成至烘烤出爐。
2. 二砂糖 50g、蜂蜜 30g、無鹽奶油 30g、動物性鮮奶油 40g、核桃 200g 一同拌勻，鋪上長條千層，完成~

森林堅果可頌吐司

作法

1 參考 PRODUCT.32 邊角磅蛋糕千層條（P.64），將特殊造型麵包完成至烘烤出爐。

2 二砂糖 50g、蜂蜜 30g、無鹽奶油 30g、動物性鮮奶油 40g、綜合堅果 200g 一同拌匀，鋪上長條千層，完成~

橙香洋梨鮭魚可頌吐司

作法

1. 參考 PRODUCT.32 邊角磅蛋糕千層條（P.64），將特殊造型麵包完成至烘烤出爐。
2. 依序鋪上煙燻鮭魚片、蜜漬水梨、油漬番茄、開心果碎、糖漬橘皮條，撒上少許帕瑪森起司粉，完成~

德式脆腸可頌

作法

1　參考 P.30 ~ 31 將經典可頌麵包完成至烘烤出爐後。

Tips! 部分數據與參照頁略有不同，請參見下方說明：

整形：在此步驟捲起前，放入一條德式脆腸。

裝飾烘烤：烘烤前撒適量黑胡椒粒，其餘一切數據皆同～

黑胡椒培根可頌

作法

1　參考 P.30 ~ 31 將經典可頌麵包完成至烘烤出爐後。

Tips! 部分數據與參照頁略有不同，請參見下方說明：

整形：麵團最寬面鋪半片培根，以斜斜的方式捲起。

裝飾烘烤：烘烤前撒適量黑胡椒粒，其餘一切數據皆同~

肉鬆奶油可頌

北海道煉乳奶油

材 料	公克
無鹽奶油	500
糖粉（過篩）	150
煉乳	200

作 法

1. 無鹽奶油常溫軟化至 16 ~ 20°C，加入過篩糖粉，低速 1 分鐘，轉中速 1 分鐘，轉高速打發至材料反白。
2. 加入煉乳再次打發至材料呈現絲綢雲朵狀，完成備用。

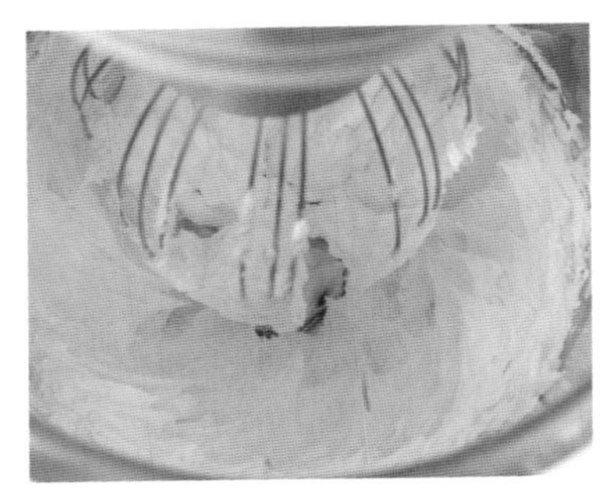
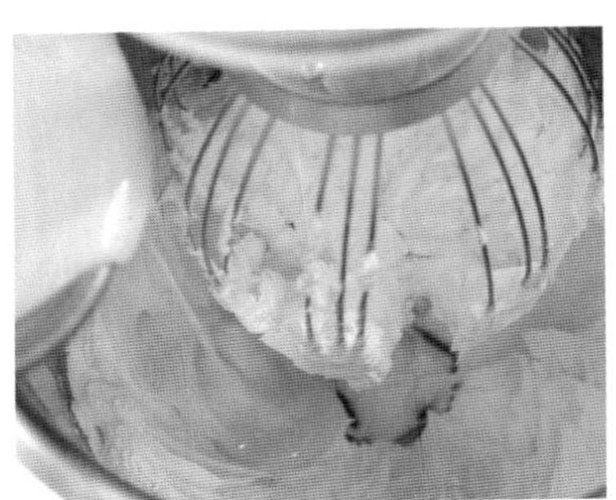

作 法

1. 參考 P.30 ~ 31 將經典可頌麵包完成至烘烤出爐後。
2. 待可頌放涼，雙手戴上一次性手套，在可頌正面抹適量北海道煉乳奶油。
3. 捉取底部，有抹北海道煉乳奶油那面朝下，沾取適量肉鬆，完成~

白醬玉米培根可頌

爐烤豬肉番茄可頌

洋蔥培根野菇可頌

奶油燻雞可頌

糖漬洋梨燻鮭魚可頌

白醬蘑菇堅果可頌

燻鮭菠菜野菇可頌

酸菜爐烤豬肉可頌

爐烤豬肉番茄可頌

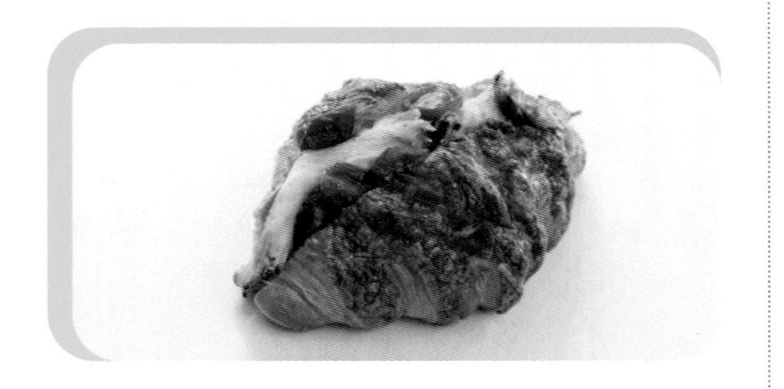

材料

爐烤豬肉	公克
豬梅花頭肉（油花較好）	300
醬油	50
蠔油	30
蜂蜜	20
米酒	30
鹽	1
白胡椒粉、五香粉	適量

調味美乃滋	公克
美乃滋	200
水	10cc
白胡椒粉	適量
新鮮檸檬皮屑	適量

作法

1 **爐烤豬肉**：所有材料拌勻，冷藏醃製2小時或者隔夜；將肉兩面煎至焦赤。

2 預熱好160°C的烤箱，作法2送入烤箱再烤約20分鐘（看大小），外觀焦赤、中心溫度75°C即可。

3 **調味美乃滋**：材料全部拌勻即可。

4 **部件組合**：麵包對切開不切斷，內層薄薄抹上適量調味美乃滋，夾上爐烤豬肉片80 ~ 100g，擺設小番茄，完成。

糖漬洋梨燻鮭魚可頌

材料

糖漬洋梨	公克
罐頭小洋梨	1 罐
綠茶	300
飲用水	300
細砂糖	15
檸檬汁	15ml

作法

1 **糖漬洋梨**：全部食材一起放入厚底單手鍋煮滾 ，轉小火煮至軟化（約20分鐘），放涼切片。

2 **部件組合**：可頌麵包對切，切開不切斷。依序鋪6片洋梨片、1片煙燻鮭魚、生菜，完成。

奶油燻雞可頌

材料

白醬	公克
高筋麵粉	20
無鹽奶油	20
鮮奶	100
雞高湯	100
鹽	少許
白胡椒粉	少許

作法

1 **白醬**：全部食材一同拌勻即可。

2 **部件組合**：可頌麵包對切，切開不切斷。內層薄薄抹上白醬，夾上 50g 燻雞、3 片小番茄、2 ~ 3 片生菜，完成。

白醬玉米培根可頌

材料

風乾菠菜片	公克
新鮮菠菜段	適量
橄欖油	適量

作法

1 **風乾菠菜片**：烤箱預熱 160°C，將新鮮菠菜段淋上橄欖油，烘烤約 8 分鐘直至葉片酥脆，備用。

2 平底鍋內放入食用油將培根片煎至脆口（依照個人口味調整），備用。

3 **部件組合**：可頌麵包對切，切開不切斷。抹上適量白醬，擺入 30g 玉米粒、1 片脆培根、3 片風乾菠菜片，完成。

白醬蘑菇堅果可頌

作法

1 洋蔥碎 40g 與蘑菇碎 50g 以食用油炒熟，與適量鹽、白胡椒粉調味備用。

2 將作法 1 的蘑菇洋蔥碎與熟綜合堅果 30g 拌勻。

3 取整顆蘑菇洗乾淨後刻花，淋上橄欖油以 180°C 預熱好的烤箱烤熟，備用。

4 可頌麵包對切，切開不切斷。擺入作法 2 的蘑菇堅果、擺入 3 片風乾菠菜片（P.61），撒上額外的熟堅果碎、作法 3 刻花蘑菇裝飾，最後刨適量帕瑪森乳酪、淋上一點初榨橄欖油，完成。

洋蔥培根野菇可頌

材料

糖漬洋梨	公克
罐頭小洋梨	1 罐
綠茶	300
飲用水	300
細砂糖	15
檸檬汁	15ml

作法

1 1.5 片培根切細，在平底鍋中以中火炒熟。

2 將半顆洋蔥切成洋蔥絲、綜合野菇 40g 切碎加入，一起炒熟，以適量的黑胡椒與鹽巴調味。

3 可頌麵包對切，切開不切斷。

4 擺入作法 2 炒料，刨適量帕瑪森乳酪、淋上一點初榨橄欖油，完成。

酸菜爐烤豬肉可頌

作 法

1 可頌麵包對切，切開不切斷；內層薄薄抹上調味美乃滋（P.58）。

2 夾上 80 ~ 100g 爐烤豬肉片（P.58）、30g 銘珍酸菜，完成。

燻鮭菠菜野菇可頌

材 料

風乾菠菜片	公克
新鮮菠菜段	適量
橄欖油	適量

作 法

1 綜合野菇 40g 與橄欖油炒熟，用適量鹽巴與黑胡椒粉調味，備用。

2 烤箱預熱 160°C，將新鮮菠菜段淋上橄欖油，烘烤約 8 分鐘直至葉片酥脆，備用。

3 可頌麵包對切，切開不切斷。夾入適量風乾菠菜片、作法 1 炒熟的綜合野菇碎、1 片煙燻鮭魚，淋上一點初榨橄欖油，完成。

邊角磅蛋糕千層條

作法續下頁

邊角南瓜黑芝麻千層條

作法續下頁

邊角磅蛋糕千層條

裝飾	公克
細砂糖（或二砂糖）	適量

作法

1　參考 P.30 ~ 31 經典可頌麵包完成至烘烤出爐後。

Tips! 部分數據與參照頁略有不同，請參見下方說明：

整形：製作千層常常會有「修邊」的動作，這些被裁下的邊角料在麵包店會被丟掉（不會使用），但這樣的作法在家庭操作中有些浪費，因此把這樣的材料集合起來，重新製作一個產品。首先可以把邊角料裁切成長方片狀（形狀不規則也可以），放入磅蛋糕模具中（長 25 × 寬 6 × 高 6 公分），約鋪 200g。

最後發酵：90 分鐘（溫度 25 ~ 26°C / 濕度 75%）。

裝飾烘烤：撒細砂糖（或二砂糖），送入預熱好的烤箱，以上下火 200°C，20 ~ 23 分鐘。

整形

最後發酵

烘烤

邊角南瓜黑芝麻千層條

裝飾	公克
生黑芝麻	適量
南瓜籽	適量

作法

1　參考 P.30 ~ 31 將經典可頌麵包完成至烘烤出爐後。

Tips! 部分數據與參照頁略有不同，請參見下方說明：

整形：製作千層常常會有「修邊」的動作，這些被裁下的邊角料在麵包店會被丟掉（不會使用），但這樣的作法在家庭操作中有些浪費，因此把這樣的材料集合起來，重新製作一個產品。首先可以把邊角料裁切成長方片狀（形狀不規則也可以），放入磅蛋糕模具中（長 25 × 寬 6 × 高 6 公分），約鋪 200g。

最後發酵：90 分鐘（溫度 25 ~ 26°C / 濕度 75%）。

裝飾烘烤：撒生黑芝麻、南瓜籽，送入預熱好的烤箱，以上下火 200°C，20 ~ 23 分鐘。

整形　　裝飾

邊角榛果奶油麻吉可頌

榛果奶油餡

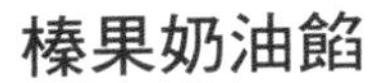

材料	公克
無鹽奶油	100
細砂糖	100
雞蛋	100
榛果粉	100
低筋麵粉	15

作法

1 榛果奶油餡全部材料攪拌均勻即可。

2 參考 P.30 ~ 31 將經典可頌麵包完成至烘烤出爐後。

Tips! 部分數據與參照頁略有不同，請參見下方說明：

整形：製作千層常常會有「修邊」的動作，這些被裁下的邊角料在麵包店會被丟掉（不會使用），但這樣的作法在家庭操作中有些浪費，因此把這樣的材料集合起來，重新製作一個產品。首先可以把邊角料裁切成長方片狀（形狀不規則也可以），放入直徑 10 公分的圓形矽膠模中，約鋪 60g，鋪到一半時中心放一顆麻糬，繼續鋪滿。

最後發酵：90 分鐘（溫度 25 ~ 26°C / 濕度 75%）。

裝飾烘烤：送入預熱好的烤箱，以上下火 200°C，12 ~ 15 分鐘。

出爐裝飾：出爐擠上榛果奶油餡，鋪榛果，再烤 8 ~ 10 分鐘，烤至上色。

沒有鋪料，直接出爐會長這樣～

奧義千層麵包

Basic！日式菓子麵團

•

Basic！丹麥麵團

•

Basic！草莓大理石麵團
& 巧克力大理石麵團

•

Basic！國王麵團

•

Basic！拿破崙酥

日式菓子麵團

材料

隔夜液種	公克
高筋麵粉	250
水	250
乾酵母	2

Tips! 隔夜液種攪拌：所有材料拌勻，容器用保鮮膜封起，室溫靜置發酵 1 小時，再送入冷藏，靜置 6 小時以上。

主麵團	公克
奧本製粉高筋麵粉：貝斯頓	1000
細砂糖	120
細海鹽	12
隔夜液種	500
乾酵母	8
水	250
全蛋	100
動物性鮮奶油	100
無鹽奶油（16 ～ 20 °C）	100

製作工序

- 材料分區放，低速 5 分，中速 2 分
- 麵團完成溫度約 25 ～ 30°C

- 30 分鐘，溫度 28°C 濕度 70 ～ 75%

- 分割 330g
- 冷藏 1 晚，最少 6 小時

作法

1 **主麵團攪拌**：攪拌缸分區下乾性材料，再依序下剩餘材料，用低速打 5 分鐘，轉中速 2 分鐘；攪打至成團即可，不需特意打至擴展或完全擴展，因為這款是靠摺疊產生麵筋，麵團終溫 25 ～ 30°C。

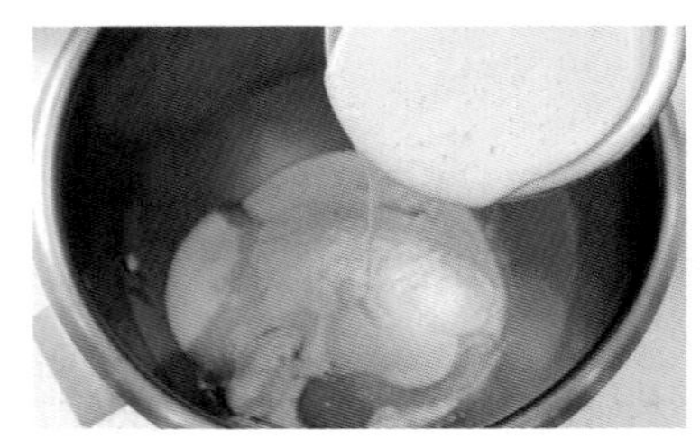

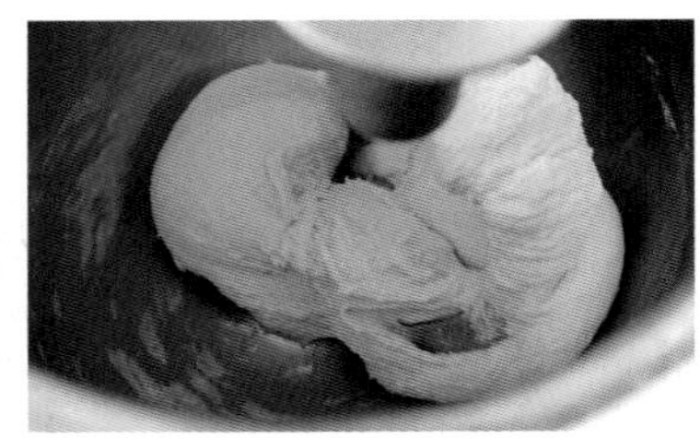

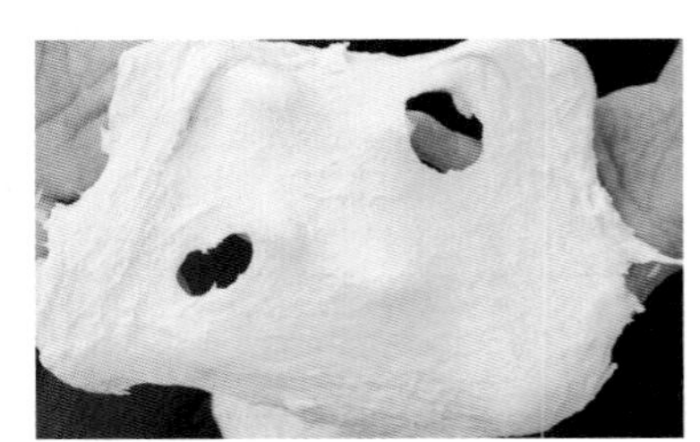

2　**基本發酵**：烤盤噴水，放上麵團，搭配適量手粉將麵團收整成團狀，送入發酵箱基本發酵 30 分鐘，溫度 28°C / 濕度 70 ~ 75%。

Tips! 如果沒有發酵箱，可把麵團放入容器中，容器用保鮮膜封起，在室溫約 28°C 之環境下發酵 30 分鐘。

3　**分割冷藏**：手沾適量手粉，用硬刮板（用容器發酵的可使用軟刮板）從底部鏟入取下麵團，移動到桌面上，以切麵刀分割 330g。

4　桌面鋪一張裁切展開的袋子（或塑膠布），放上麵團把前後袋子摺起，用手掌輕壓一下。

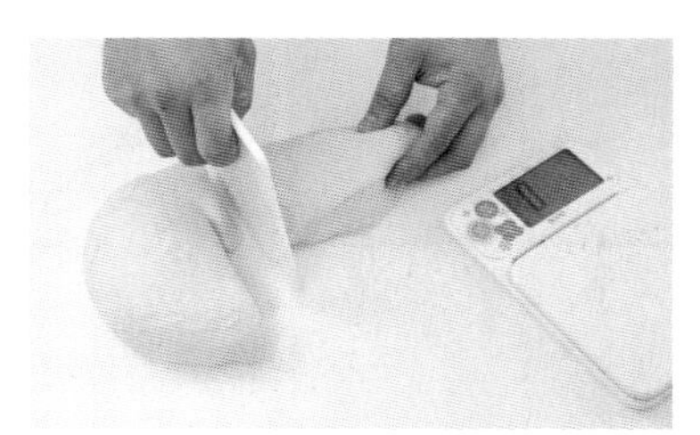

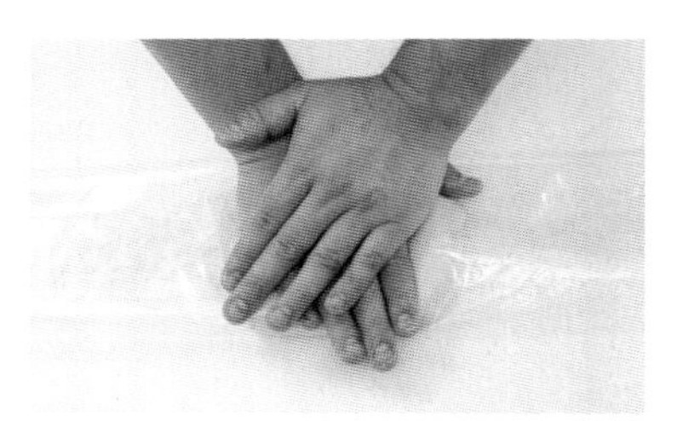

5　再把左右袋子闔起，用擀麵棍把麵團朝四邊推平，推展至長 18 × 寬 14 公分。

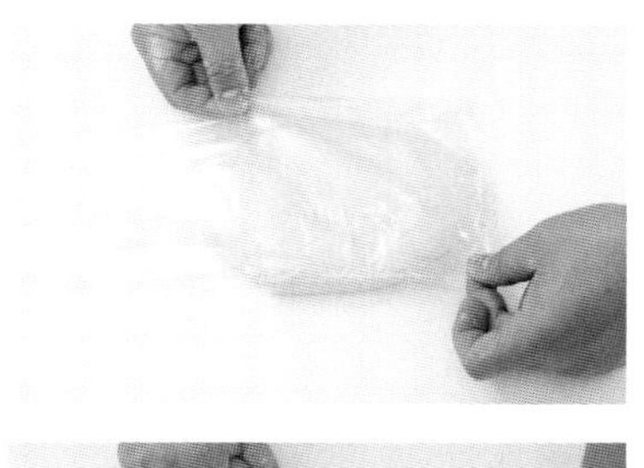

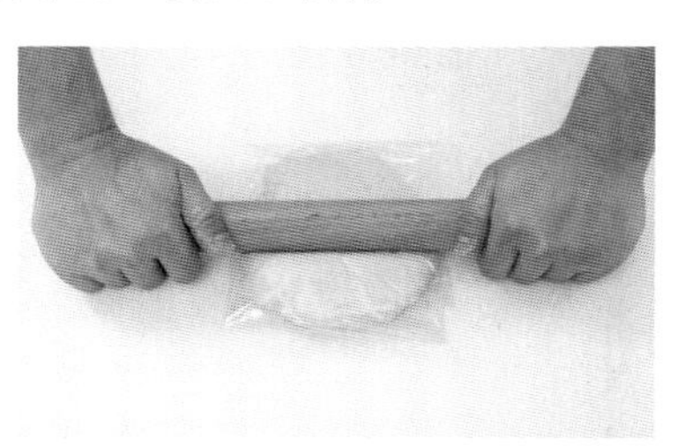
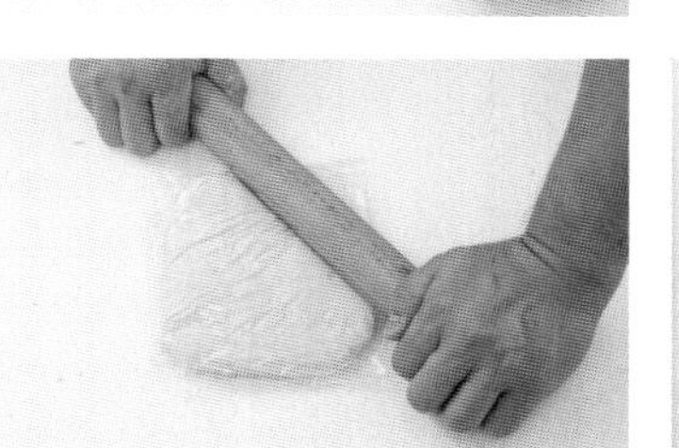
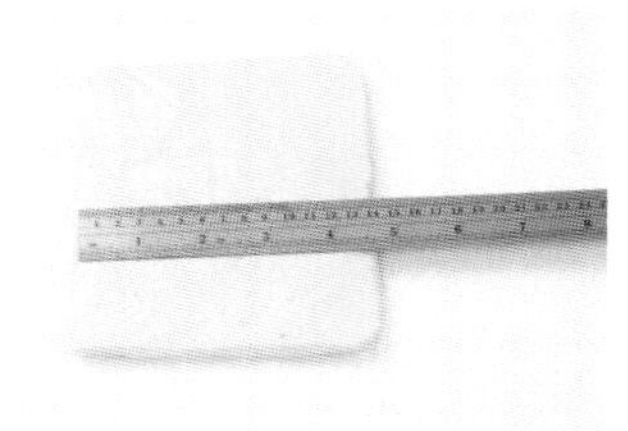
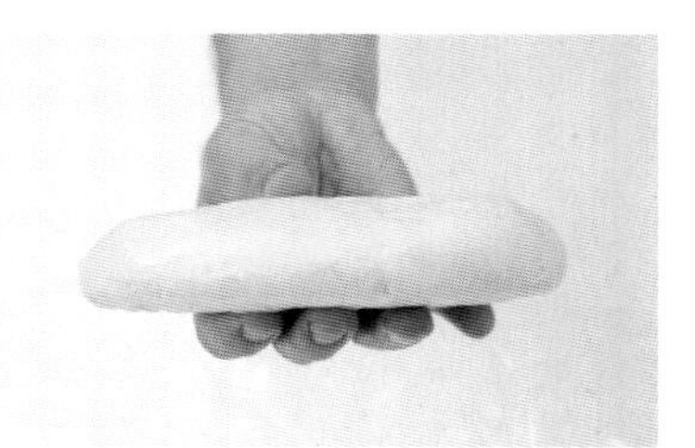

6　移動到烤盤上，送入冰箱冷藏一晚，最少冷藏 6 小時。

太妃焦糖肉桂捲

肉桂糖內餡

材料	公克
無鹽奶油	170
細砂糖	340
肉桂粉	45

作法

1 無鹽奶油要冷藏狀態使用，奶油溫度約 6 ~ 8°C 左右。所有材料全部投入攪拌缸拌勻即可，分割 100g 備用。

牛奶焦糖醬

材料	公克
煉乳	700
動物性鮮奶油	100
牛奶糖	400

作法

1 麵包烘烤完成後再製作。鋼盆加入煉乳、動物性鮮奶油，拌勻至看不到動物性鮮奶油。下牛奶糖略拌，以隔水加熱的方式把牛奶糖融化，完成～

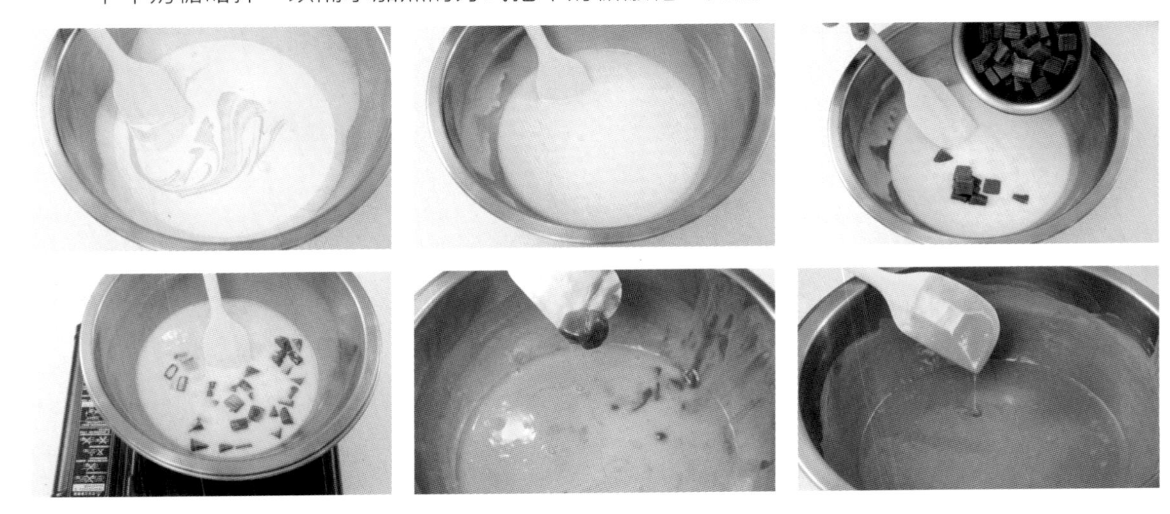

作法

1 參考 P.70 ~ 71 日式菓子麵團配方作法，完成至冷藏後。從冷藏取出可直接操作，不需回溫。麵團撒適量手粉，第一次擀成長 25 × 寬 16 公分長方片，鋪 100g 肉桂糖內餡。

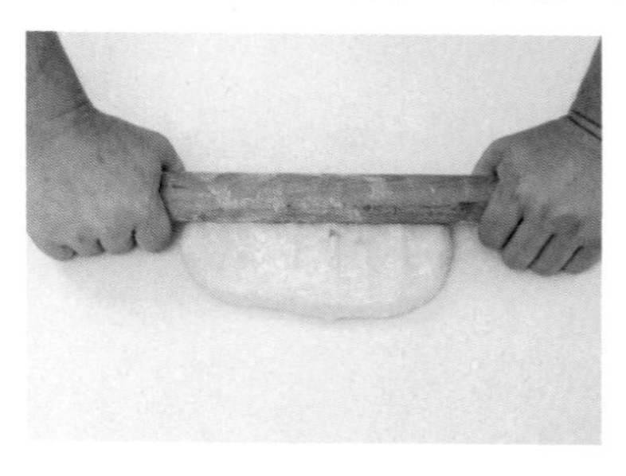

2 左右兩端留一小段距離，將內餡抹在這個區域內，左右朝中心摺疊，仔細收合（不可露出餡料）。

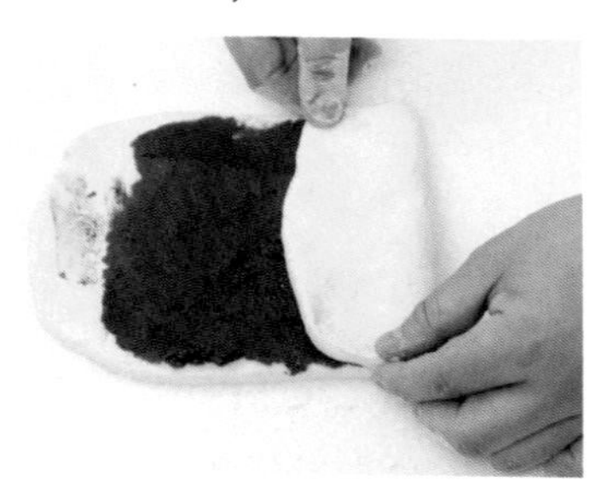
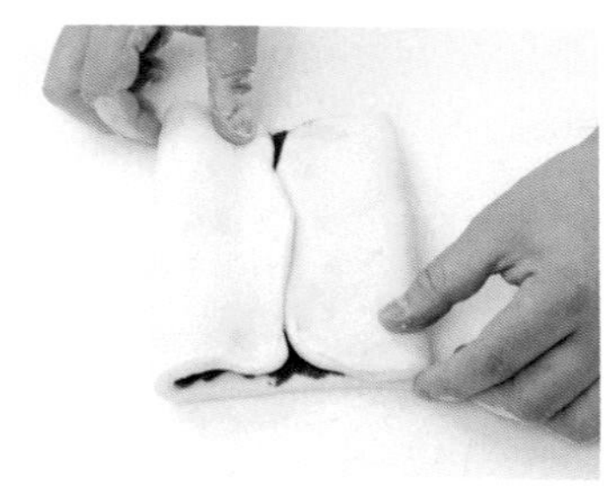
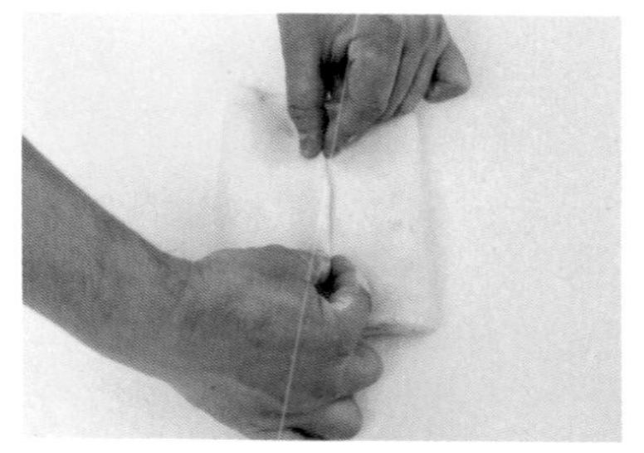

3 擀麵棍輕壓，讓麵團與內餡更貼合一點，再撒適量手粉，正反面輪流擀捲，擀成長度 40 公分，表面刷水。

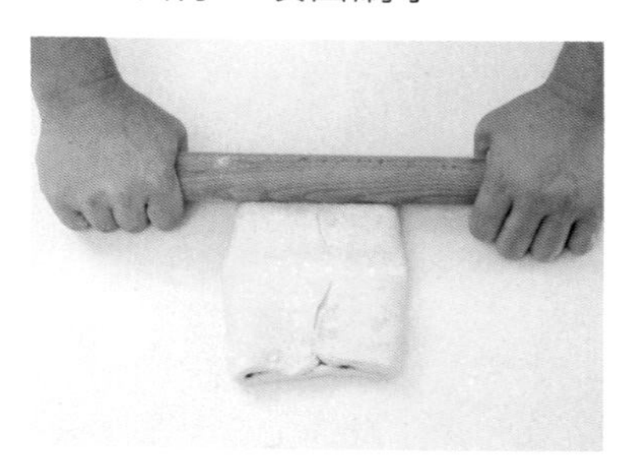
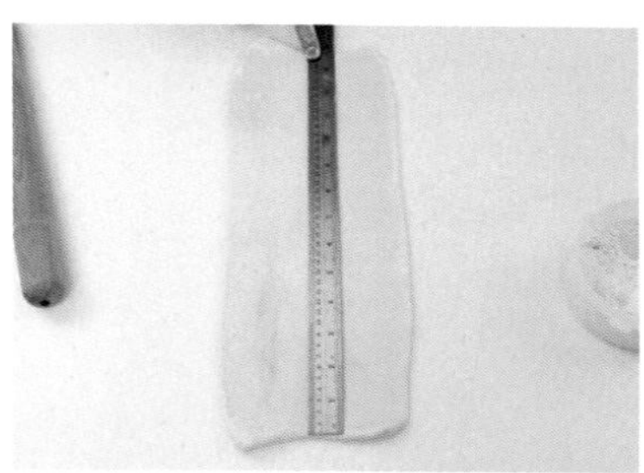
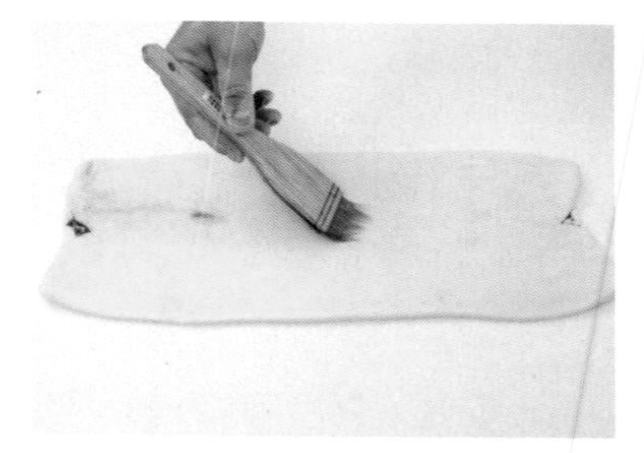

4 開始進行三摺一。麵團兩端取各 1/3 朝中心摺疊，擀麵棍輕壓，讓麵團與內餡更貼合一點。

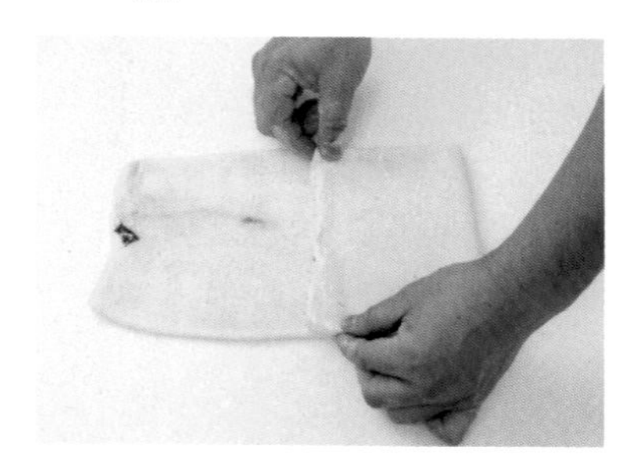

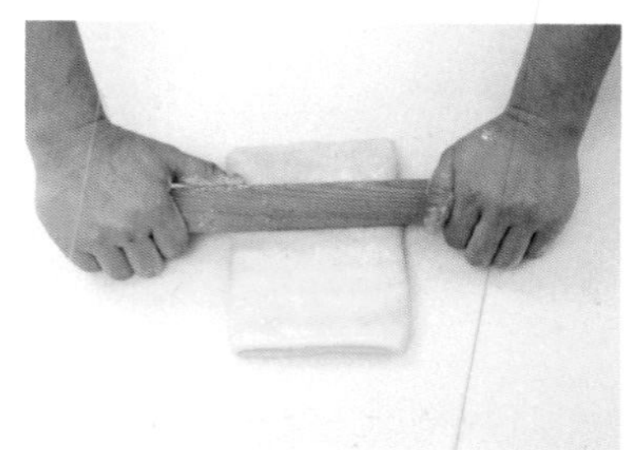

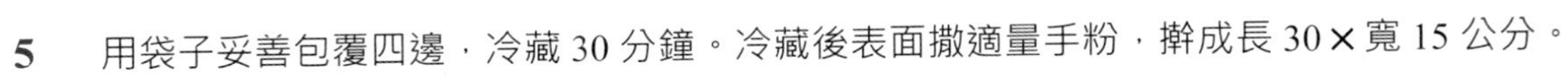

5　用袋子妥善包覆四邊，冷藏 30 分鐘。冷藏後表面撒適量手粉，擀成長 30×寬 15 公分。

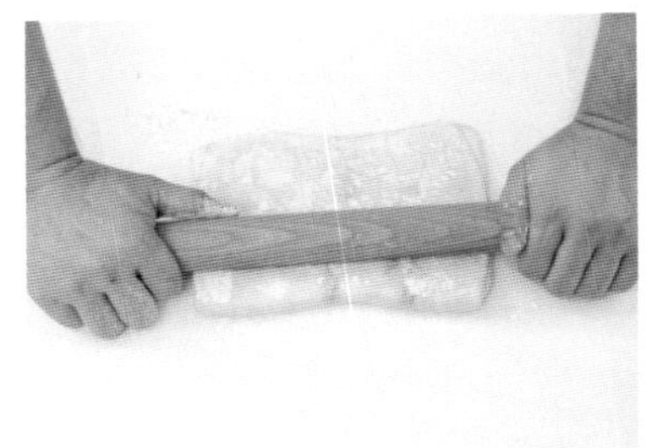
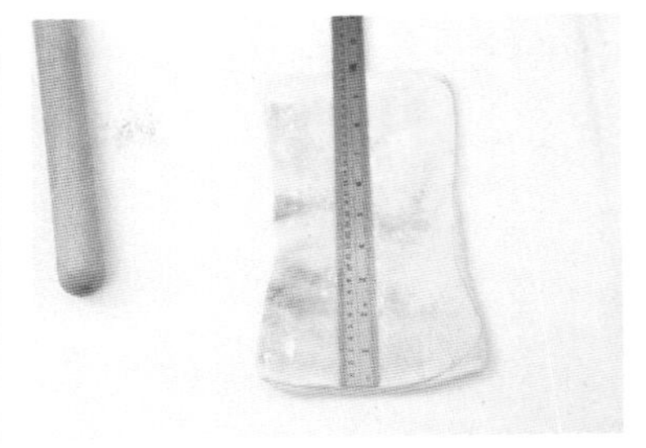

6　表面抹水，由前朝後收摺捲起成圓柱狀。

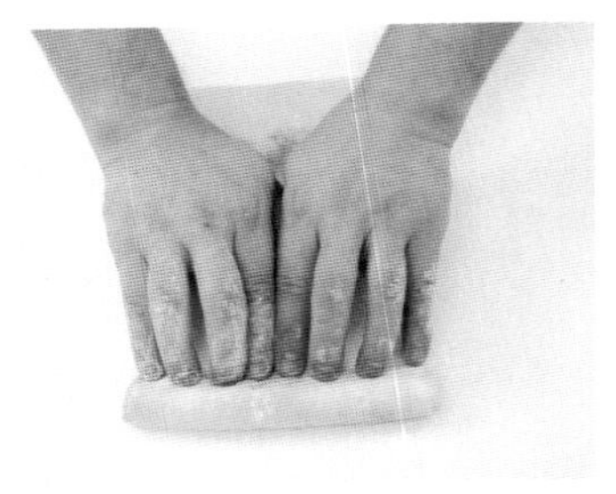
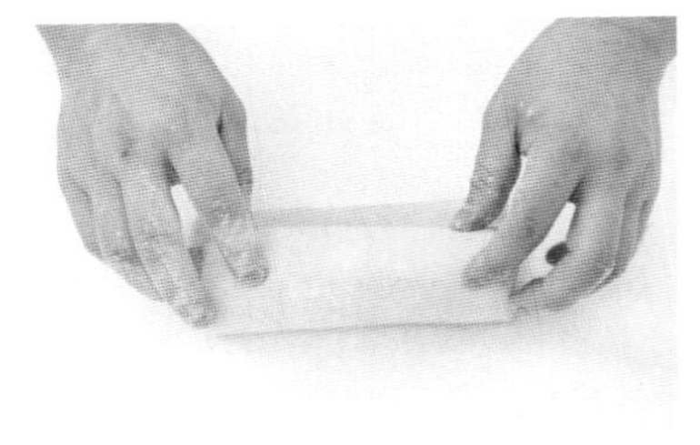

7　用袋子妥善包覆，冷藏 10 分鐘；再取出冷藏好的麵團，切去頭尾不平整處，每塊麵團裁切 3 公分厚，重量約 80 ～ 85g。

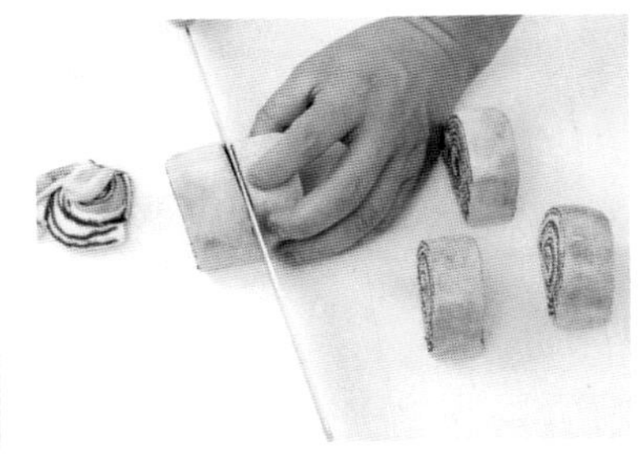

8　模具 SN6031 內先放一個耐烤紙杯，麵團切面朝上放入模具，最後發酵 90 分鐘（溫度 32°C，濕度 70%）。送入預熱好的烤箱，上火 200°C / 下火 250°C，烘烤 10 分鐘；烤盤調頭再烤 3 ～ 4 分鐘。

9　出爐淋上適量牛奶焦糖醬、鹽之花。

八結檸檬肉桂捲

肉桂糖內餡

材料　　**公克**

材料	公克
無鹽奶油	170
細砂糖	340
肉桂粉	45

作法

1 無鹽奶油要冷藏狀態使用，奶油溫度約 6 ~ 8°C 左右。所有材料全部投入攪拌缸拌勻即可，分割 100g 備用。

檸檬糖霜

材料	公克
無鹽奶油	20
鮮奶	20
糖粉	200
新鮮檸檬汁	10

作法

1 麵包烘烤完成後再製作。無鹽奶油加熱融化，加入鮮奶拌勻，下過篩糖粉、新鮮檸檬汁拌勻，拌勻到材料呈現有流性的濃稠感，完成～

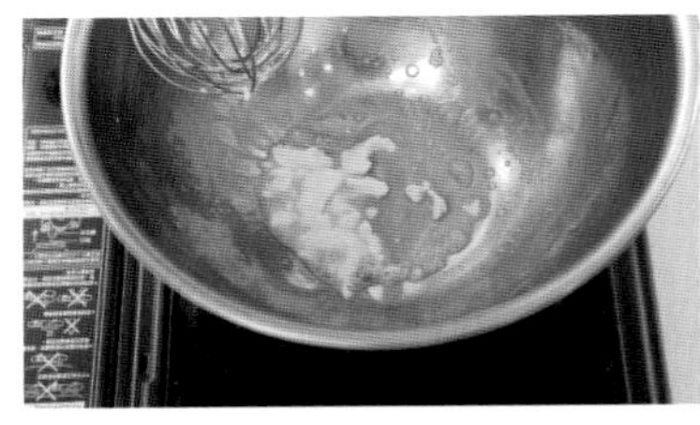

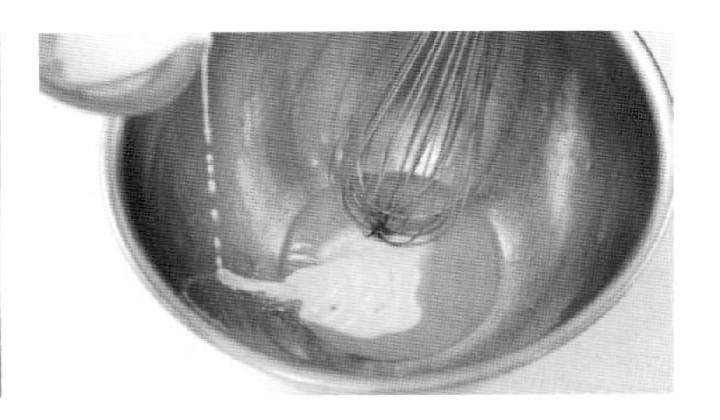

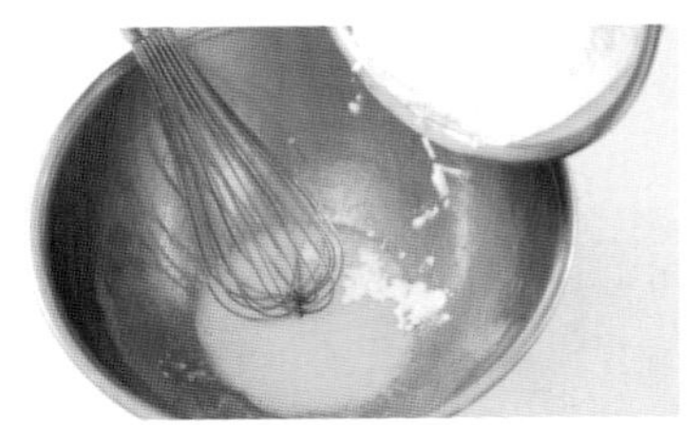

作法

1　參考 P.70 ～ 71 日式菓子麵團配方作法，完成至冷藏後。從冷藏取出可直接操作，不需回溫。麵團撒適量手粉，第一次擀成長 25×寬 16 公分長方片，鋪 100g 肉桂糖內餡。

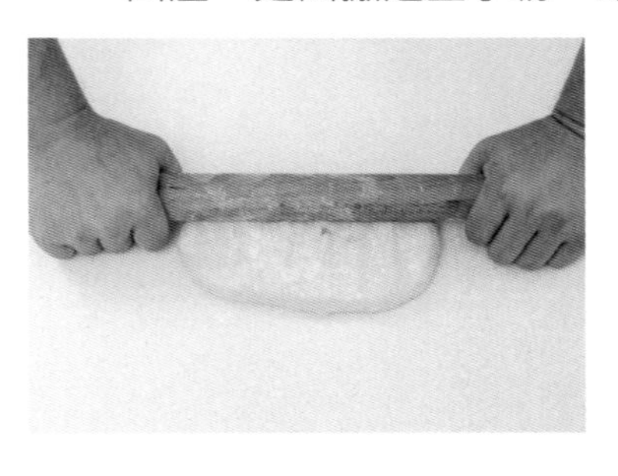

2　左右兩端留一小段距離，將內餡抹在這個區域內，左右朝中心摺疊，仔細收合（不可露出餡料）。

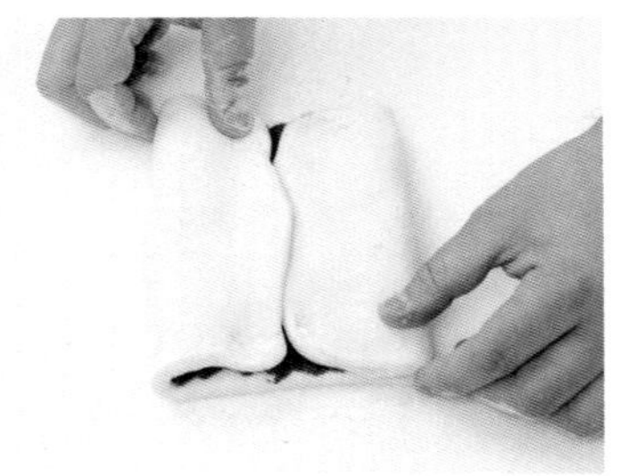
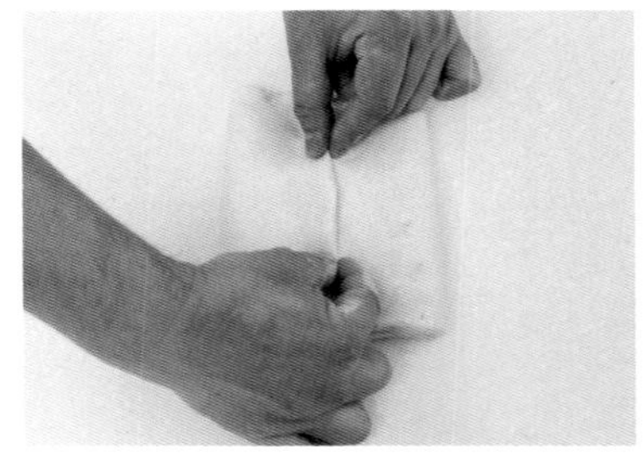

3　擀麵棍輕壓，讓麵團與內餡更貼合一點，再撒適量手粉，正反面輪流擀捲，擀成長度 40 公分，表面刷水。

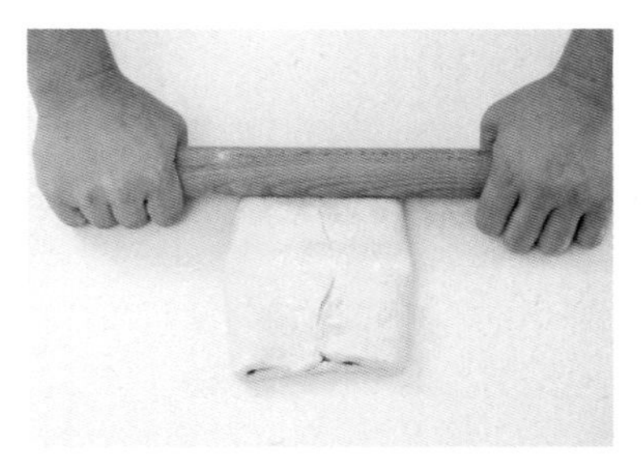
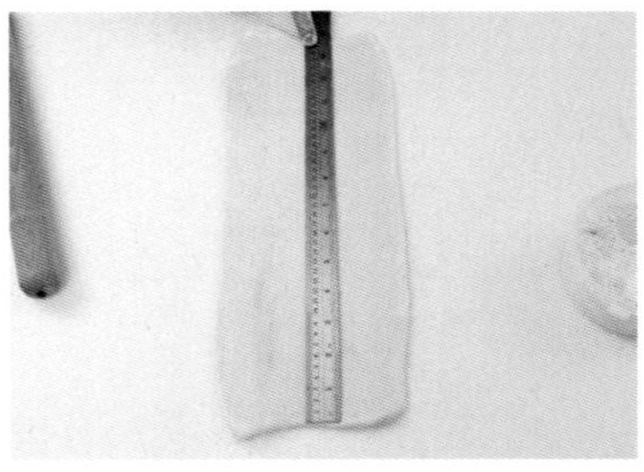
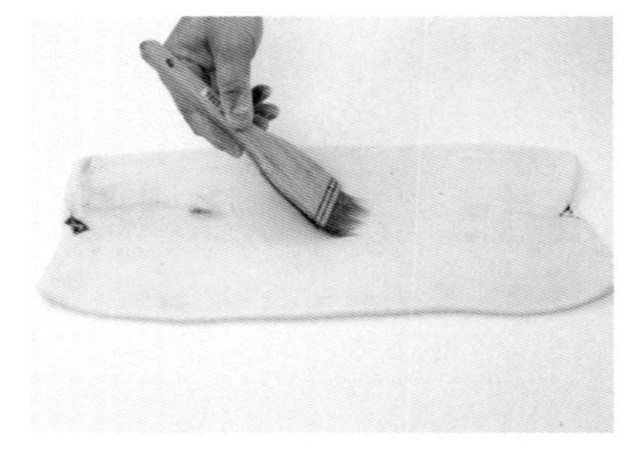

4　開始進行三摺一。麵團兩端取各 1/3 朝中心摺疊，擀麵棍輕壓，讓麵團與內餡更貼合一點。

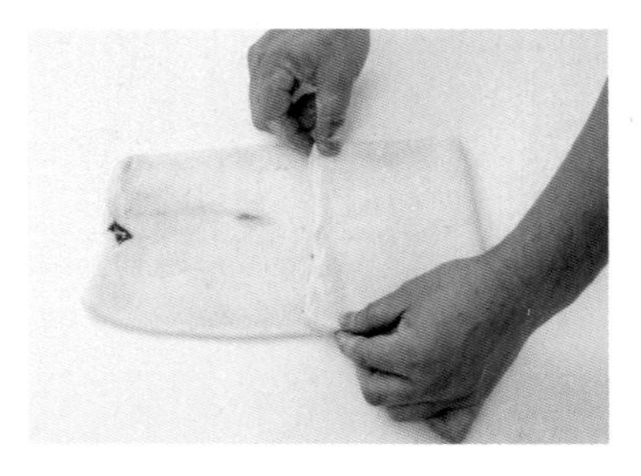

5 用袋子妥善包覆四邊，冷藏 30 分鐘。冷藏後表面撒適量手粉，擀成長 22 × 寬 15 公分，分切 4 等份。

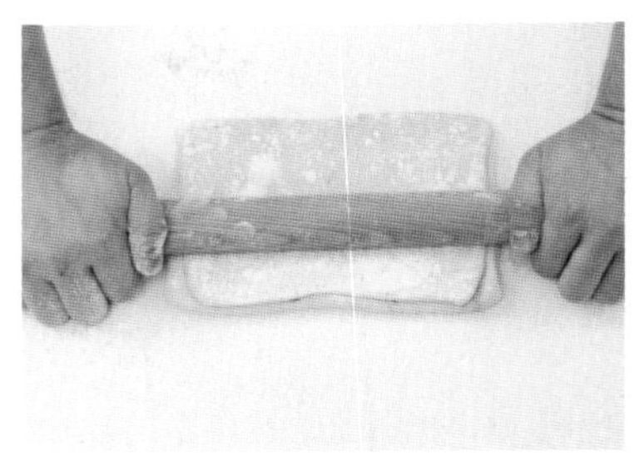

6 每張麵皮再各切兩刀（變成三條），三條取一端相疊，打成三股辮（口訣是：中間的麵團朝右邊擺），翻面，捲起成球狀。

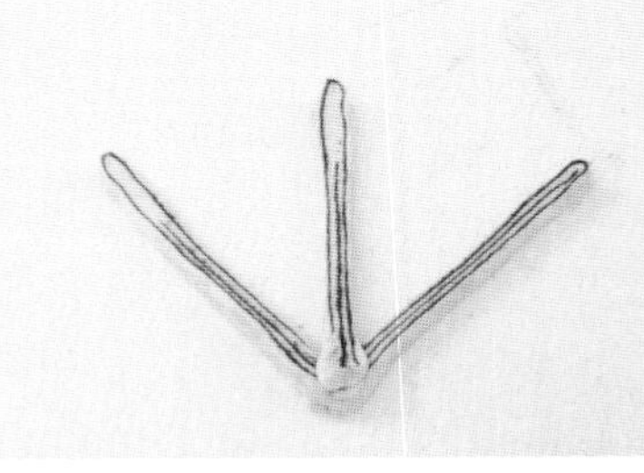

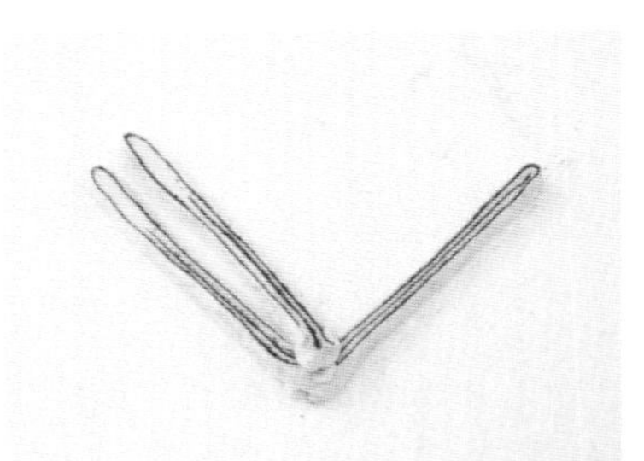

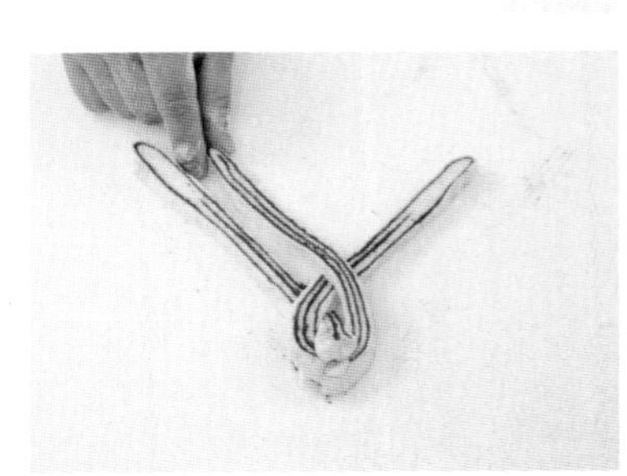

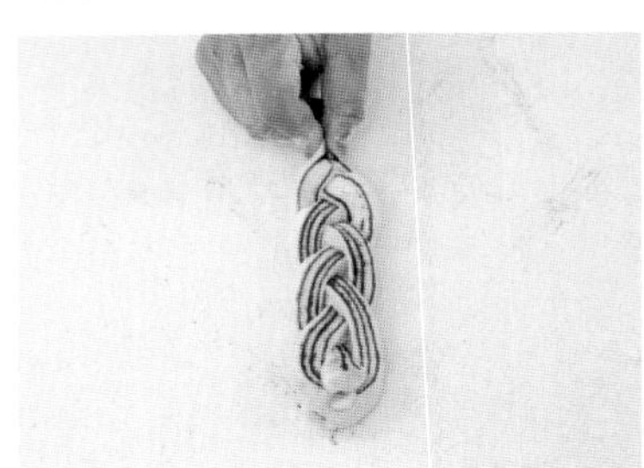

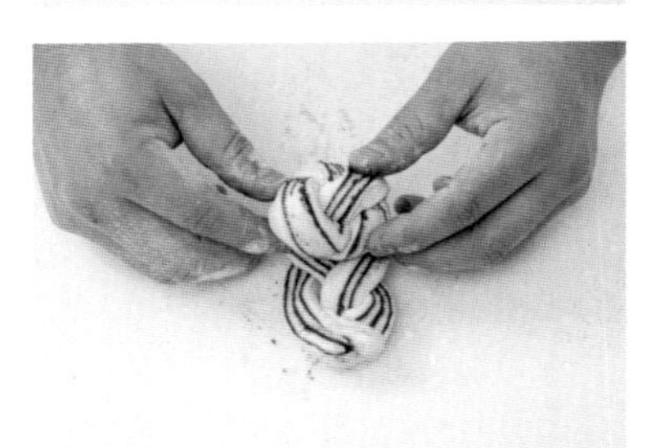

7 模具 SN6031 內先放一個耐烤紙杯，放入整形好的麵團，最後發酵 90 分鐘（溫度 32°C，濕度 70%）。送入預熱好的烤箱，上火 200°C / 下火 250°C，烘烤 10 分鐘；烤盤調頭再烤 3 ~ 4 分鐘。

8 出爐淋上適量檸檬糖霜，撒新鮮檸檬皮屑。

丹麥麵團

材料

材料	公克
奧本製粉法國麵粉：惠	1300
細砂糖	195
海鹽	15
全蛋	130
水（20°C）	585
新鮮酵母	70
無鹽奶油	60

製作工序

- 粉類材料低速 20 秒
- 下剩餘低速 5 分，中 1 分
- 麵團完成溫度約 26°C

- 30 分鐘，溫度 28°C / 濕度 70 ~ 75%

3 分割冷凍

- 分割 470g
- 冷凍 1 晚，最少 8 小時

- 麵團 470g：裹入油 100g

5 摺疊四摺二

- 採用四摺二方式製作

作法

1　**攪拌**：攪拌缸分區下乾性材料，用低速打 20 秒；再依序下剩餘的所有材料，低速 5 分鐘，轉中速 1 分鐘。

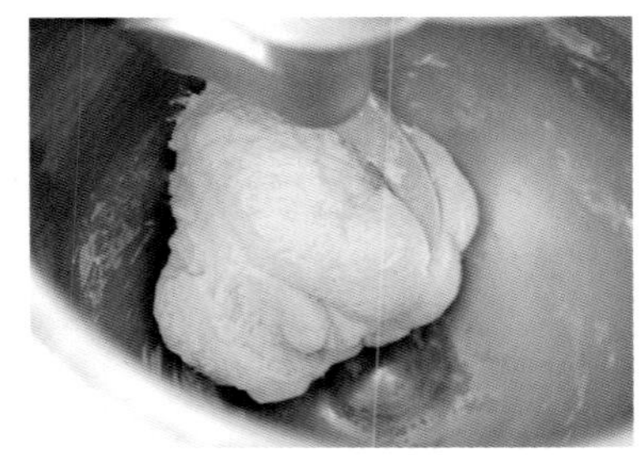

2 攪打至成團即可，不需特意打至擴展或完全擴展，因為這款是靠摺疊產生麵筋，麵團終溫 26°C。

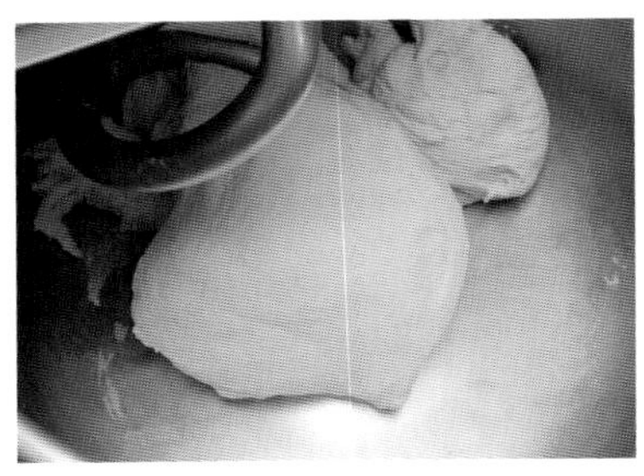
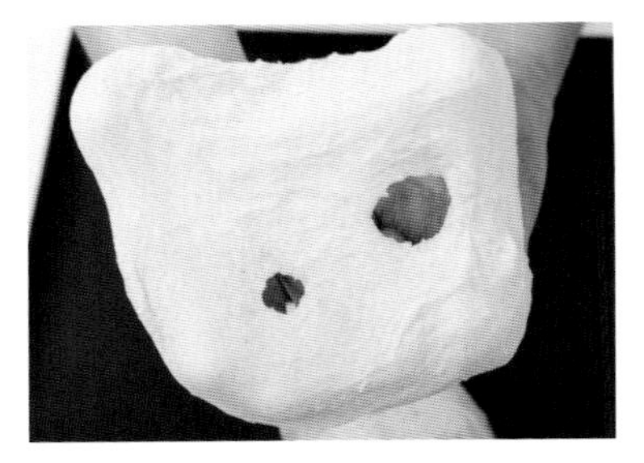

3 **基本發酵**：麵團收整成圓形，放上不沾烤盤，送入發酵箱基本發酵 30 分鐘，溫度 28°C / 濕度 70 ~ 75%（如果沒有發酵箱，用袋子輕輕包覆四邊，常溫發酵即可）。

4 等待發酵的期間我們來製作奶油。裹油用片狀奶油分割成 100g，裝入袋子，用擀麵棍擀壓成長 13 × 寬 10 公分之片狀，厚度不限，主要取長寬。

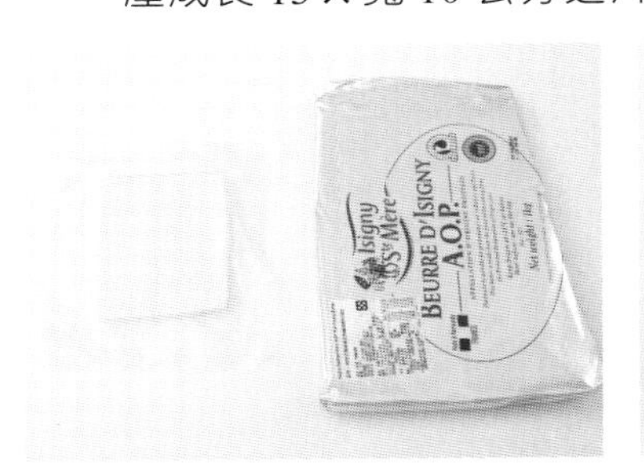

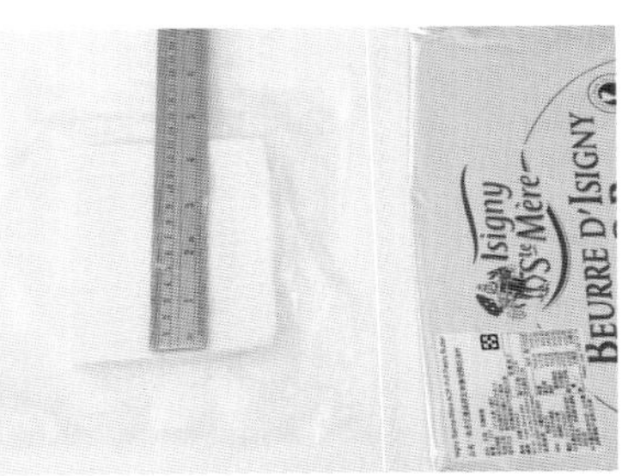

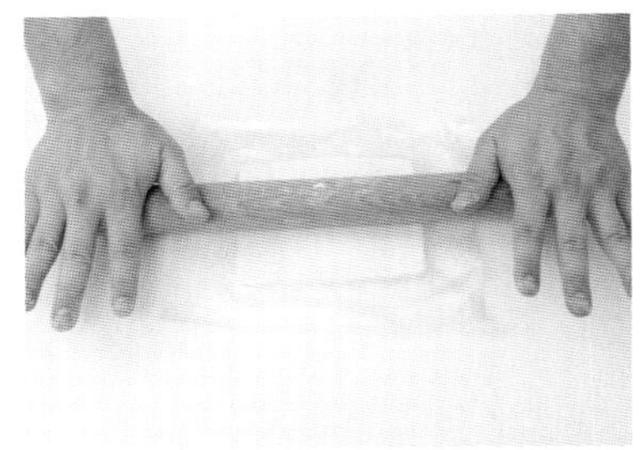

5 **分割冷凍**：用刮板從底部鏟入取下發酵好的麵團，切麵刀分割 470g，移動到展開的袋子上，把上下袋子闔上，手掌壓至厚度 1 公分。

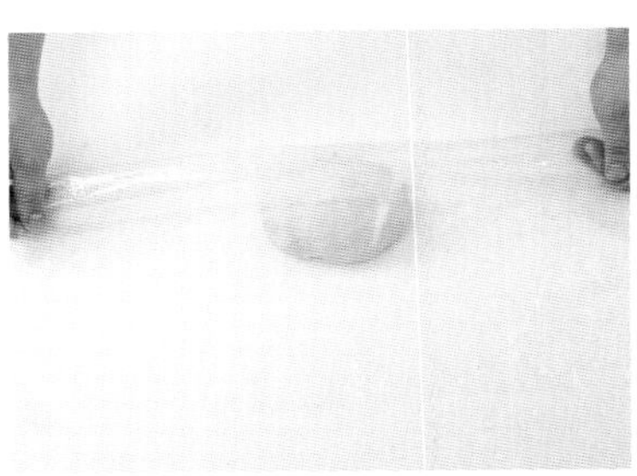
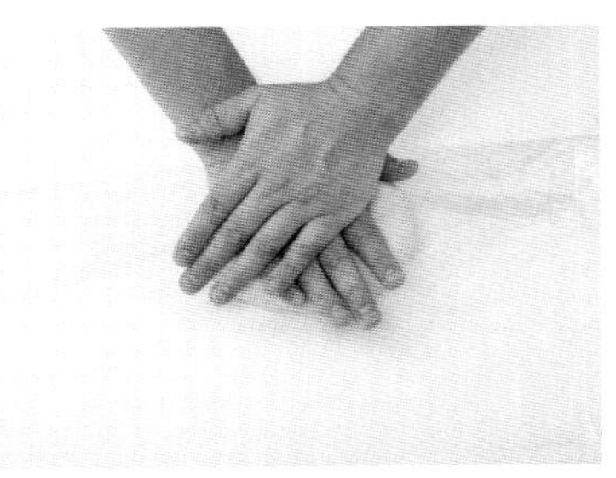

6　再把左右袋子闔起，用擀麵棍把麵團朝四邊推平（長 18 × 寬 14 公分），移動到烤盤上，送入冰箱冷凍一晚，最少冷凍 8 小時。

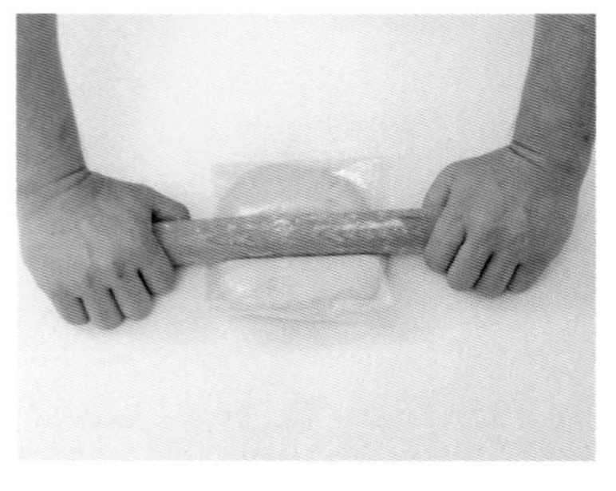
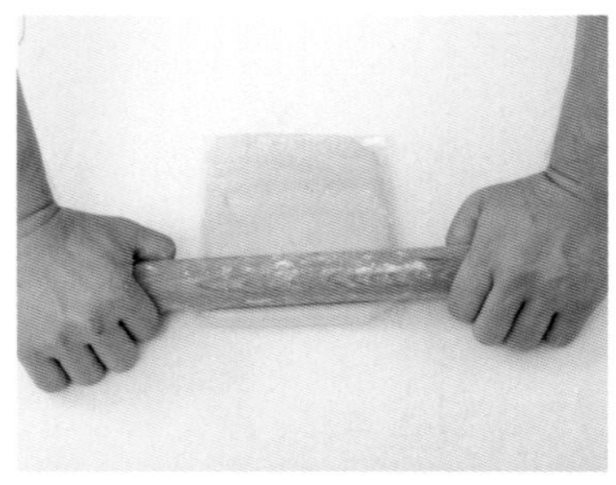

7　**裹油**：取出冷凍隔夜的麵團，使用前從冷凍放到冷藏，退冰 60 ~ 90 分鐘（麵團溫度約 0°C 至負 3°C）。麵團撒適量手粉，擀麵棍擀成長 25 × 寬 15 公分長方片，中心鋪上奶油片（奶油片是麵團長的一半，寬比麵團短一些），左右朝內摺疊，正反兩面撒粉用擀麵棍輕壓雙面，讓麵團與奶油更貼合一點。

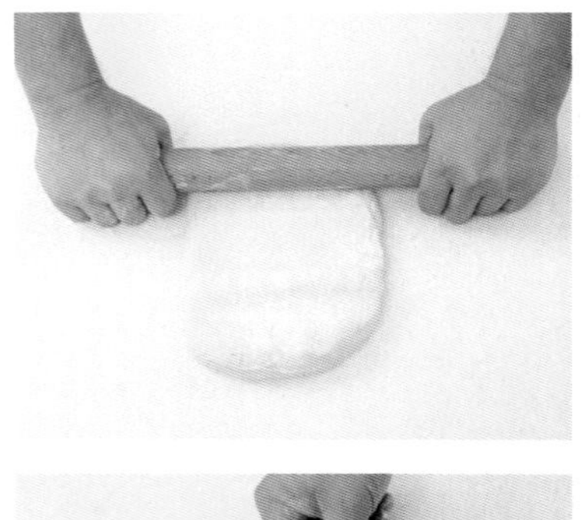

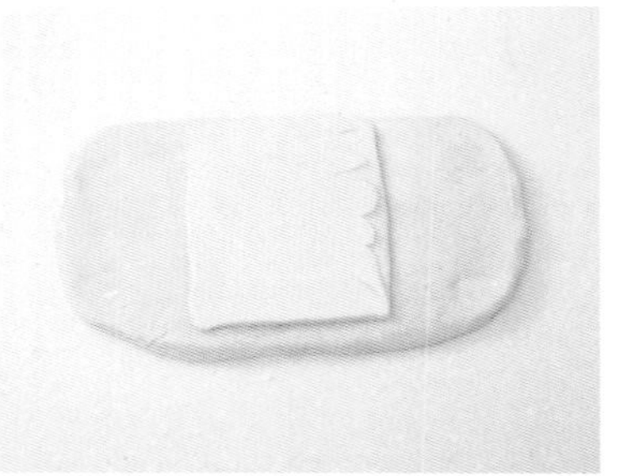
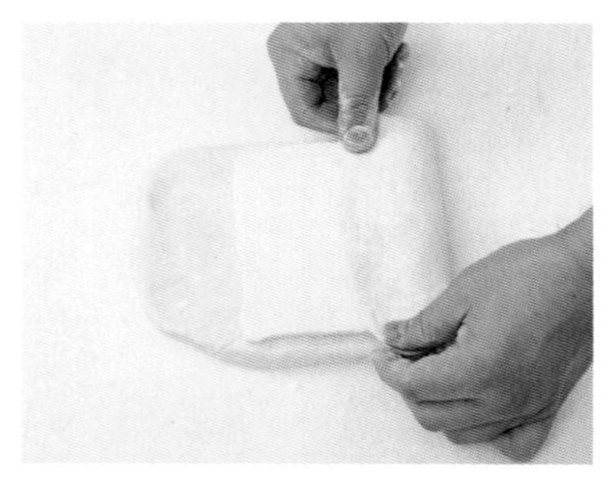
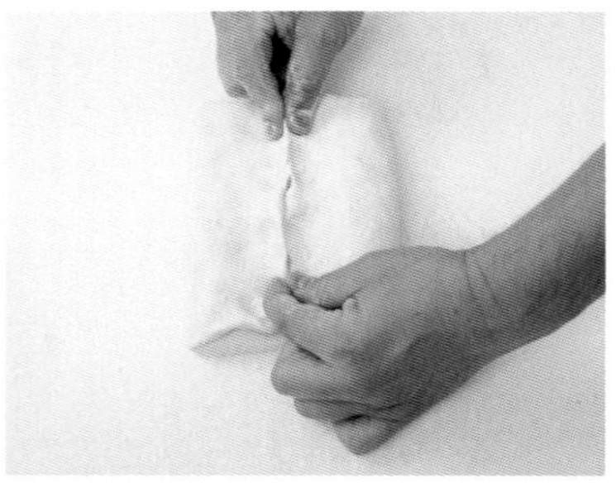
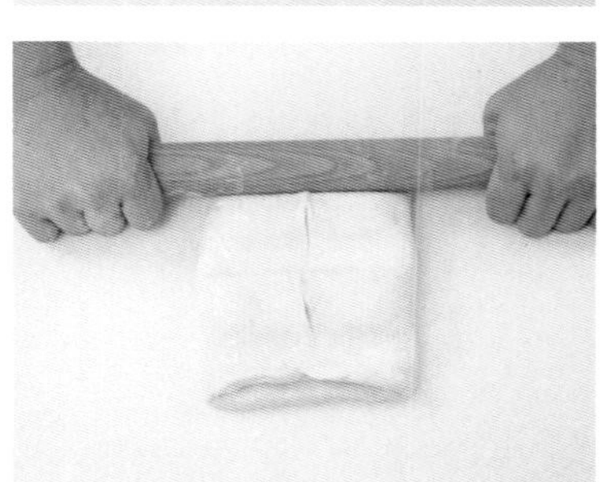

8　**摺疊（共做四摺二）**：此為四摺一作法。撒適量手粉，正反面輪流擀開，擀成長度 40 ~ 45 公分，表面刷水。

9 麵團取 4/5 朝另一側摺疊，取另一邊摺回，刷上一層薄薄的清水。

10 再對摺，即為四摺一。用擀麵棍輕壓雙面，讓麵團與奶油更貼合一點。

Tips! 四摺一後不接三摺一是因為，中心的麵團會比較厚，比較不好做。

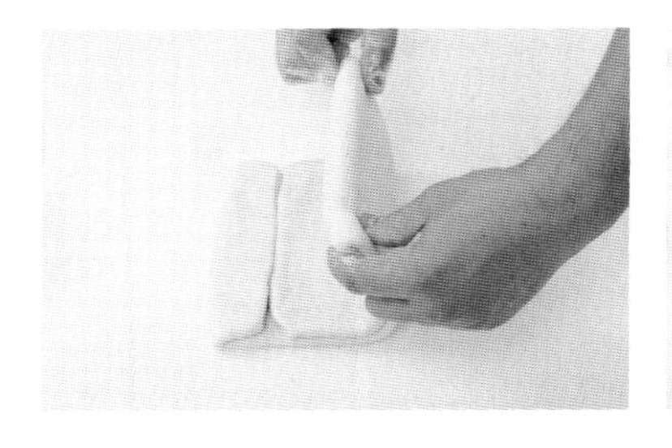

11 此為四摺二作法。擀成長度約 40 ~ 42 公分，參照前一次的作法再做一次，即為四摺二。

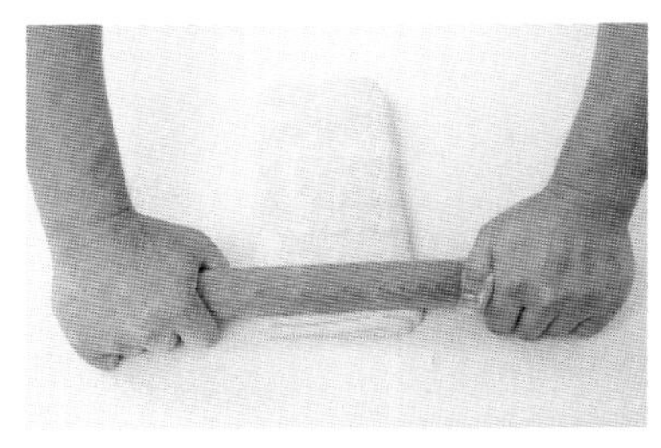
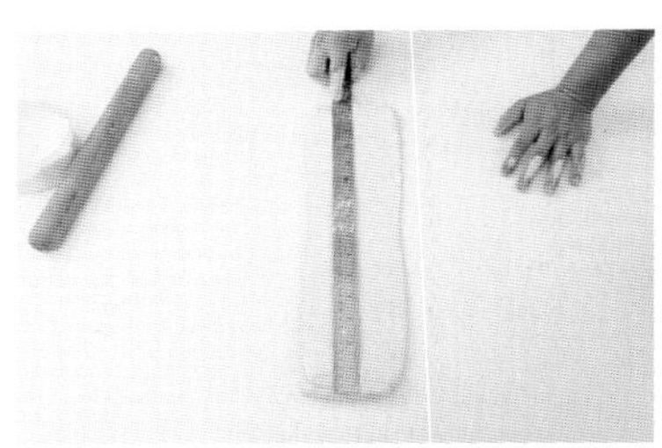
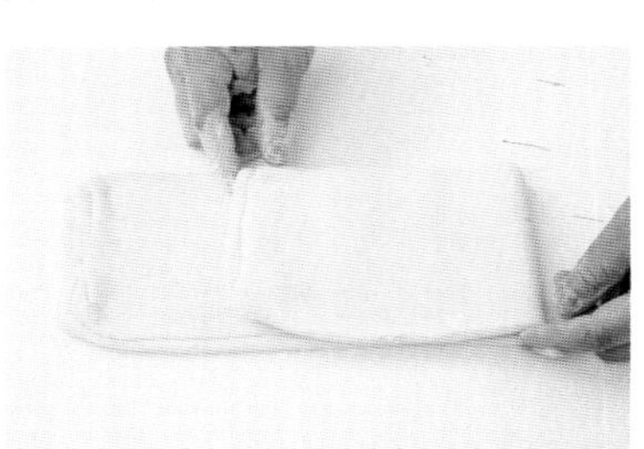
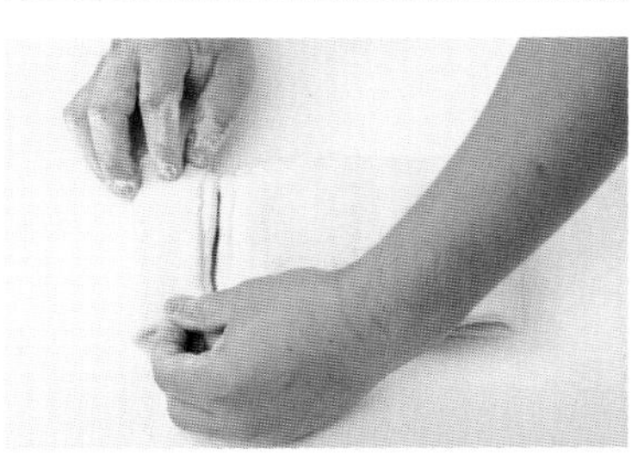

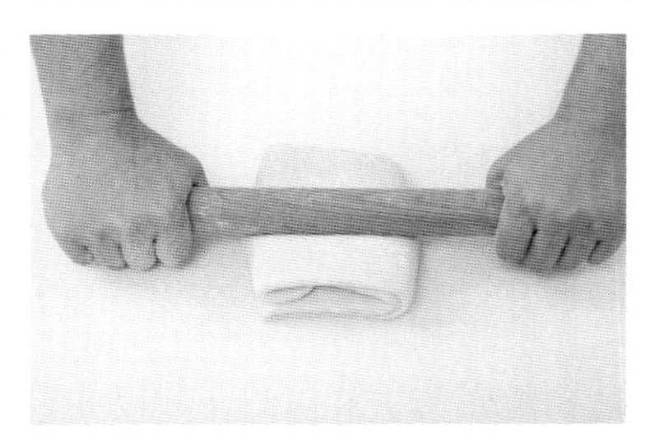

12 用袋子仔細包覆，冷凍鬆弛 30 分鐘。冷凍後的麵團就可直接操作產品囉～

丹麥吐司

製作工序

- 參考作法整形

- 放入吐司模後發 90 分鐘
溫度 28 ～ 30°C / 濕度 70%

- 上火 230°C / 下火 200°C，烘烤 30 ～ 35 分

作法

1　**整形**：參考 P.80 ～ 83 製作至作法 12，冷凍鬆弛後的麵團可直接操作。輕輕擀開，擀成長 35 × 寬 15 公分長方片，對摺。

2　切成三等份，每份麵團再對切，共有 6 條麵團。

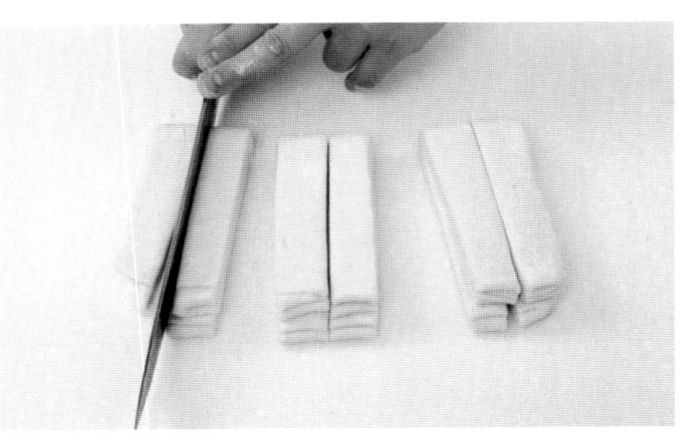

3　6 條麵團排整齊再次擀開，擀至長度 30 公分，刷適量清水。

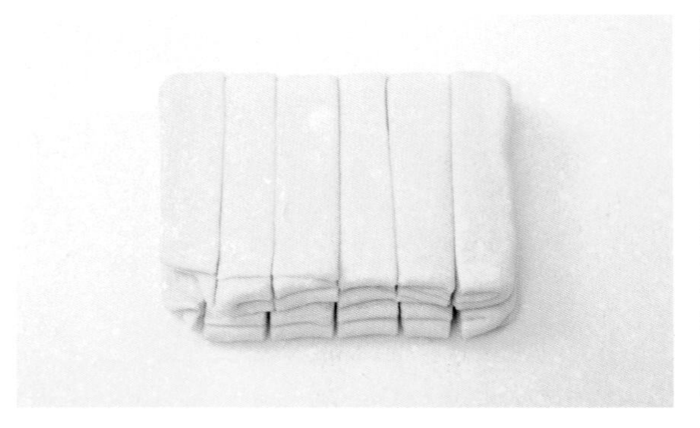
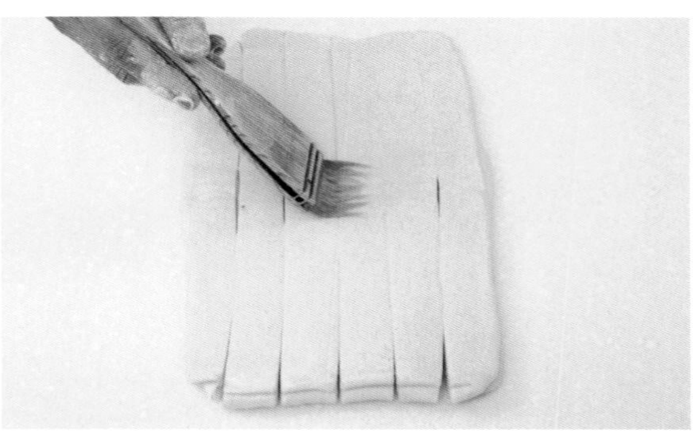

4　前後拉長成 35 公分，取刷水面重疊，打辮子的口訣「中間的麵團朝右邊擺」，打成三股辮，頭尾稍微捏一下。

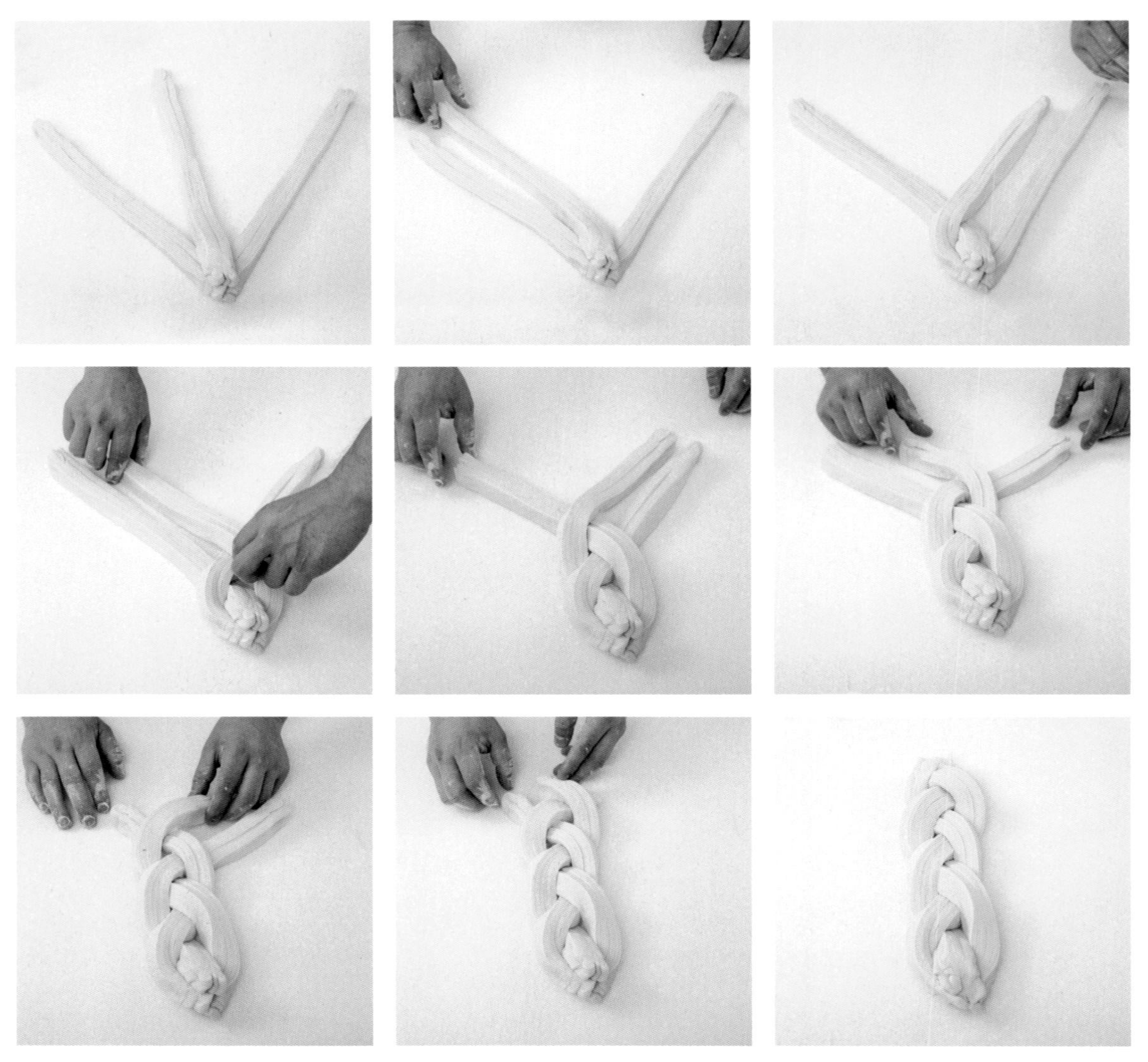

5 整顆麵團翻面，頭尾朝中心摺起，再次翻成正面，放入吐司模 SN2055。

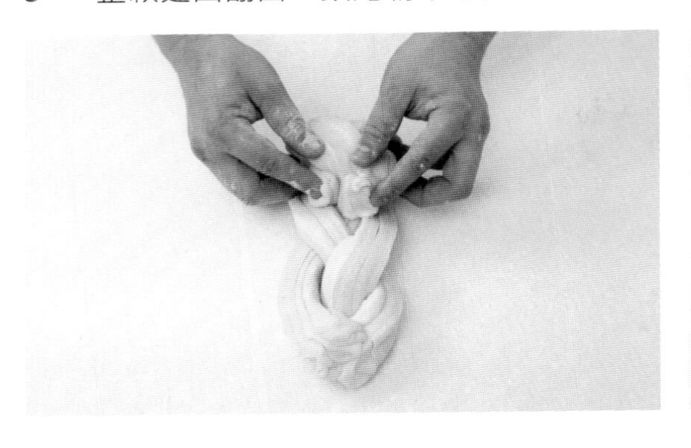
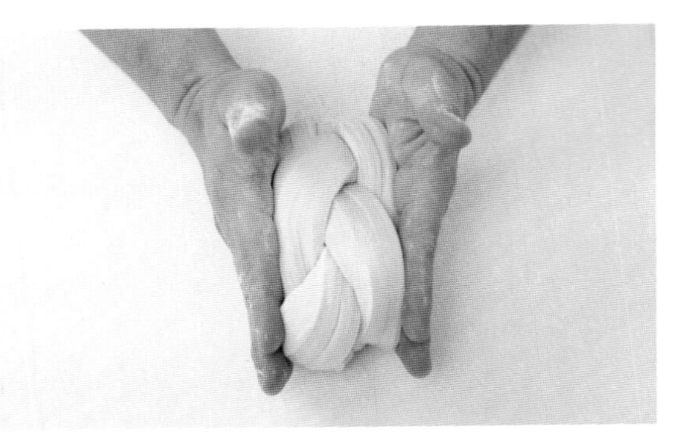

6 **最後發酵**：最後發酵 90 分鐘（溫度 28 ~ 30°C；濕度 70%），發酵至八分滿。

7 **烘烤**：蓋上蓋子，送入預熱好的烤箱，上火 230°C / 下火 200°C，烘烤 30 ~ 35 分鐘。烤完後雙手戴上手套出爐，把吐司模重敲桌子震出內部熱氣，倒扣脫模，完成~

草莓大理石麵團

材料

		公克
A	無鹽發酵奶油	75
	紅寶石巧克力	50
B	全蛋	75
	細砂糖	75
C	低筋麵粉	100
	天然草莓粉	30

作法

1 無鹽發酵奶油隔水加熱至融化，加入紅寶石巧克力拌勻成巧克力醬，冷卻備用。

2 攪拌缸加入材料 B，中速打約 2 分鐘，攪打至材料反白。

3 下混合過篩的材料 C，中速攪打至無粉狀，再加入作法 1 巧克力醬拌勻至材料光滑，完成。

4 取 120g 裝入透明袋中，以刮板刮成長 12 × 寬 10 公分片狀，冷凍備用。

Basic 巧克力大理石麵團

材料		公克
A	無鹽發酵奶油	75
	苦甜巧克力	50
B	全蛋	75
	細砂糖	75
C	低筋麵粉	19
	可可粉	75

作法

1. 無鹽發酵奶油隔水加熱至融化，加入苦甜巧克力拌勻成巧克力醬，冷卻備用。
2. 攪拌缸加入材料 B，中速打約 2 分鐘，攪打至材料反白。
3. 下混合過篩的材料 C，中速攪打至無粉狀，再加入作法 1 巧克力醬拌勻至材料光滑，完成。
4. 取 120g 裝入透明袋中，以刮板刮成長 12 × 寬 10 公分片狀，冷凍備用。

草莓大理石丹麥吐司

製作工序

- 分割 450g
- 冷凍 1 晚，最少 8 小時

- 麵團 450g：裹油 120g：草莓大理石 120g

- 參考作法整形

- 90 分鐘，溫度 28 ～ 30°C / 濕度 70%

- 上火 230°C / 下火 200°C，烘烤 30 ～ 35 分鐘

作 法

1　**分割冷凍**：參考 P.80 ～ 81 製作至作法 4。用刮板從底部鏟入取下發酵好的麵團，切麵刀分割 450g，移動到展開的袋子上，把上下袋子闔上，手掌壓至厚度 1 公分。

2　再把左右袋子闔起，用擀麵棍把麵團朝四邊推平（長 18 × 寬 14 公分），移動到烤盤上，送入冰箱冷凍一晚，最少冷凍 8 小時。

3　**裹油摺疊**：取出冷凍隔夜的麵團，使用前從冷凍放到冷藏，退冰 60 ～ 90 分鐘（麵團溫度約 0°C 至負 3°C）。麵團撒適量手粉，擀麵棍擀成長 25 × 寬 15 公分長方片，中心鋪上奶油片，左右朝內摺疊，正反兩面撒粉用擀麵棍輕壓雙面，讓麵團與奶油更貼合一點，再次擀開，抹上清水。

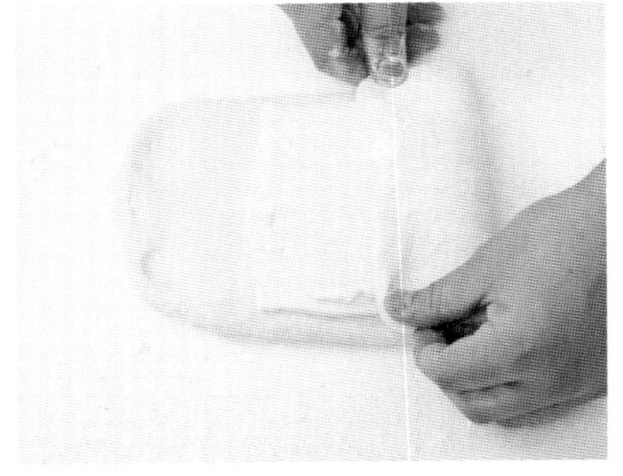

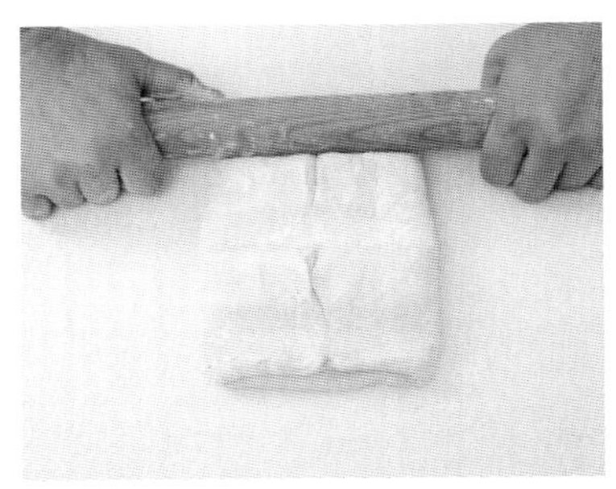

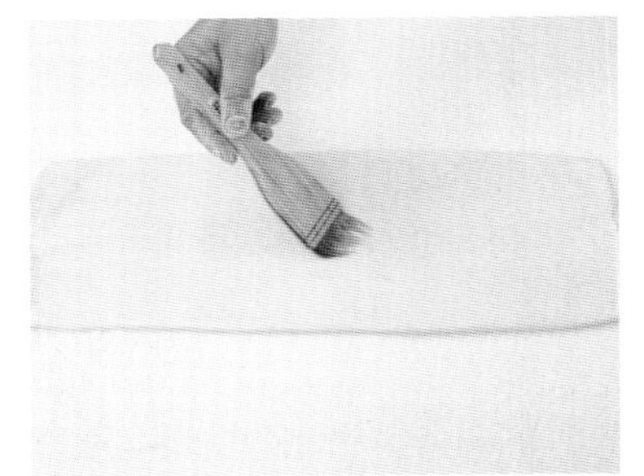

4　此為四摺一作法。麵團取 4/5 朝另一側摺疊，取另一邊摺回，一側鋪上草莓大理石（P.88），刷上一層薄薄的清水。

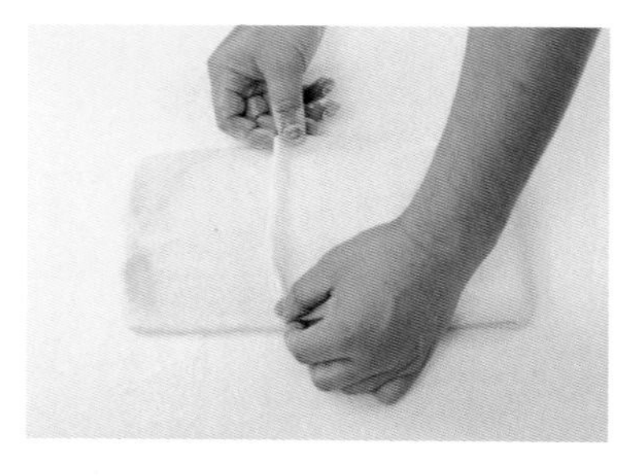  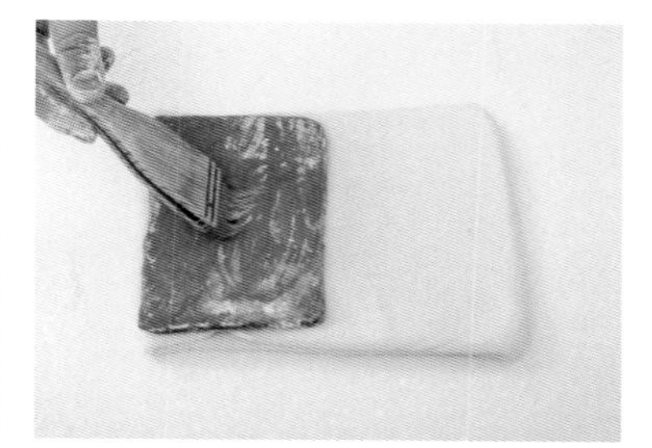

5　取另一側麵團闔起，正反兩面撒粉用擀麵棍輕壓雙面，讓麵團與奶油更貼合一點。再次擀開長度 40 ~ 45 公分，刷上一層薄薄的清水。

 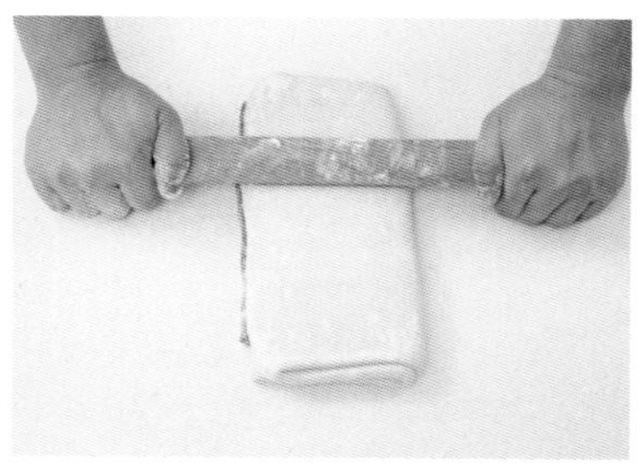 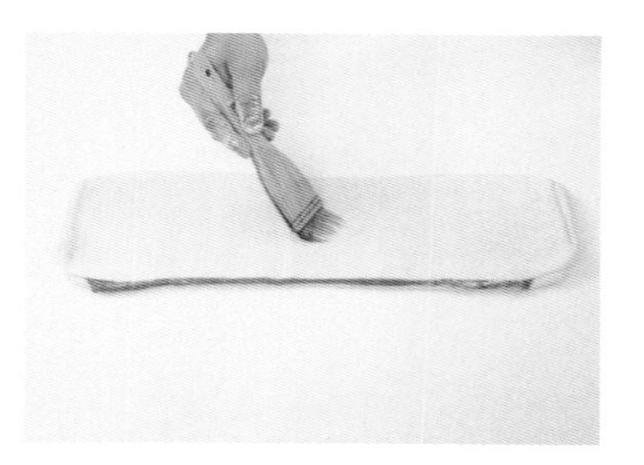

6　此為四摺二作法。麵團取 4/5 朝另一側摺疊，取另一邊摺回，整片麵團對摺，用擀麵棍輕壓雙面，讓麵團與奶油更貼合一點。用袋子仔細包覆，冷凍 30 分鐘。

  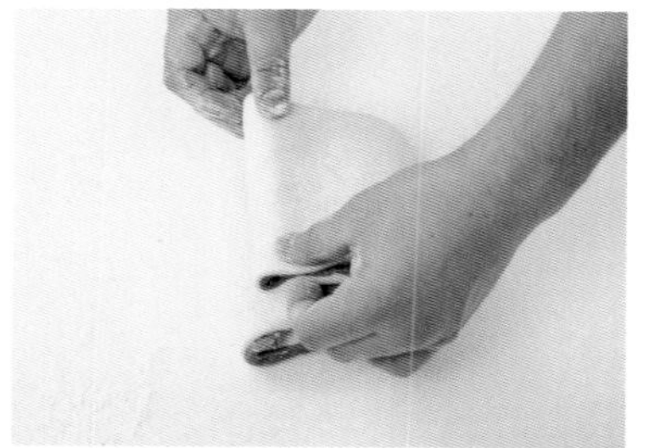

7　**整形**：冷凍後的麵團可直接操作，輕輕擀成長 30 × 寬 15 公分長方片，長度量 2/3 處做記號，切均等 7 刀，稍微拉長。

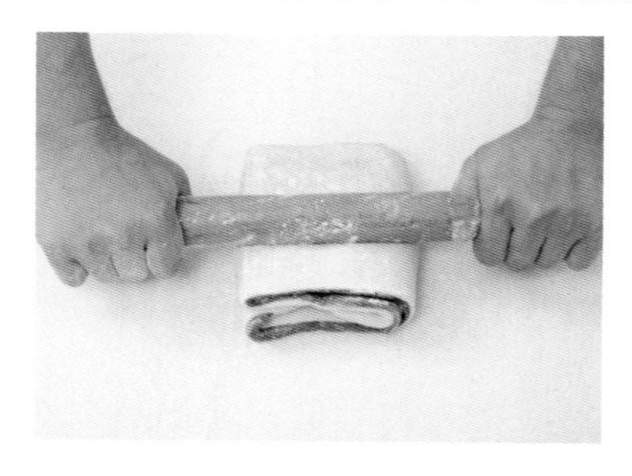  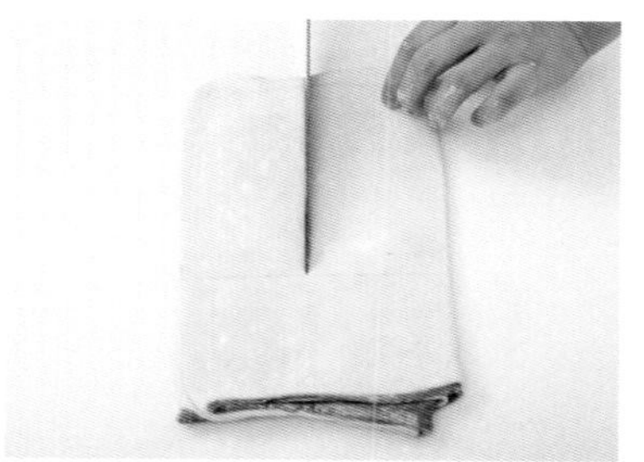

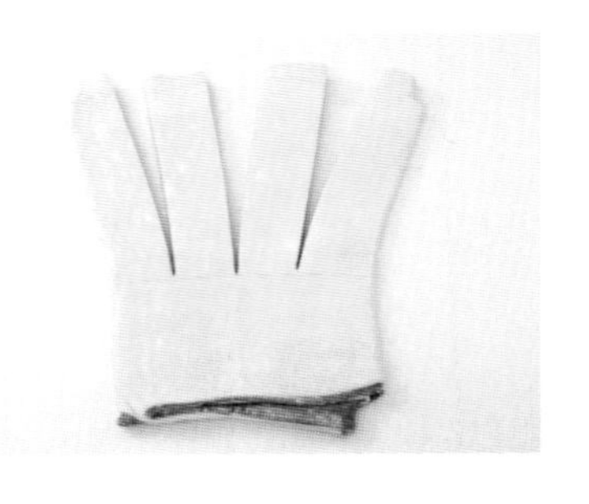

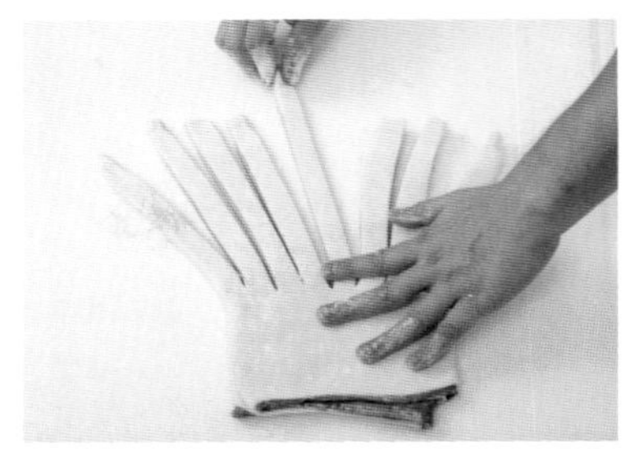

8 每條順時針轉三圈，四條一組把交界處輕輕壓扁，並排捲起，放入吐司模 SN2055。

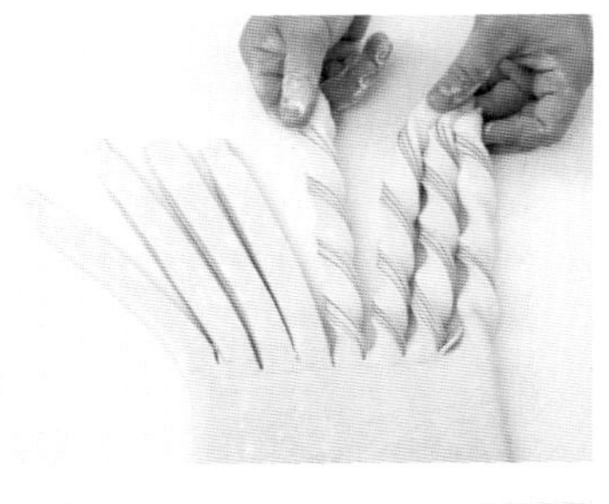

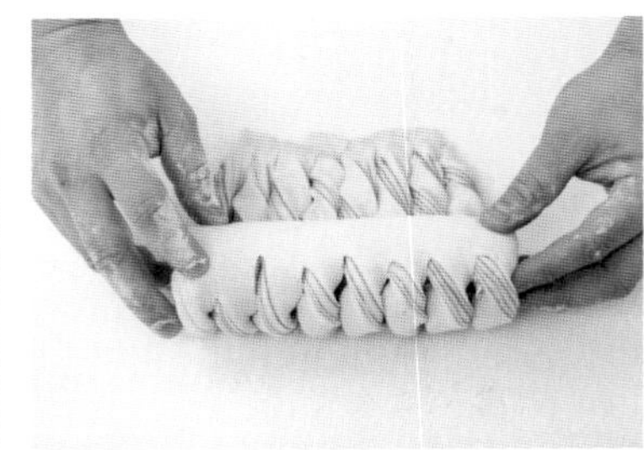

9 **最後發酵**：90 分鐘（溫度 28 ~ 30°C；濕度 70%），發酵至八分滿。

10 **烘烤**：送入預熱好的烤箱，上火 230°C / 下火 200°C，烘烤 30 ~ 35 分鐘。烤完後雙手戴上手套出爐，把吐司模重敲桌子震出內部熱氣，倒扣脫模，完成～

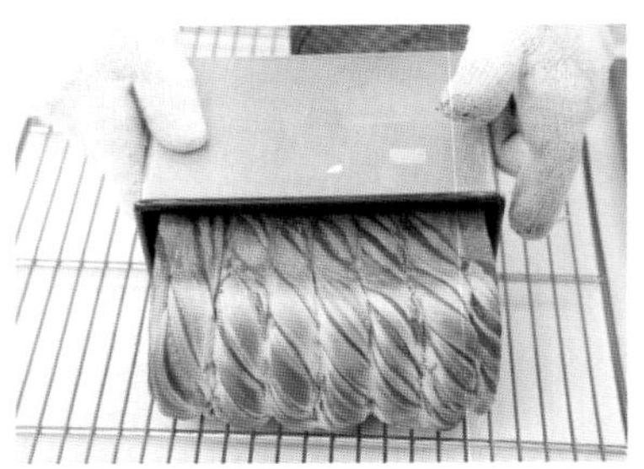

巧克力大理石丹麥吐司

製作工序

- 分割 450g
- 冷凍 1 晚，最少 8 小時

- 麵團 450g：裹油 120g：巧克力大理石 120g

- 參考作法整形

- 90 分鐘，溫度 28 ~ 30°C / 濕度 70%

- 上火 230°C / 下火 200°C，烘烤 30 ~ 35 分鐘

作 法

1 **分割冷凍**：參考 P.80 ~ 81 製作至作法 4。用刮板從底部鏟入取下發酵好的麵團，切麵刀分割 450g，移動到展開的袋子上，把上下袋子闔上，手掌壓至厚度 1 公分。

2 再把左右袋子闔起，用擀麵棍把麵團朝四邊推平（長 18 × 寬 14 公分），移動到烤盤上，送入冰箱冷凍一晚，最少冷凍 8 小時。

3 **裹油摺疊**：取出冷凍隔夜的麵團，使用前從冷凍放到冷藏，退冰 60 ~ 90 分鐘（麵團溫度約 0°C 至負 3°C）。麵團撒適量手粉，擀麵棍擀成長 25 × 寬 15 公分長方片，中心鋪上奶油片，左右朝內摺疊，正反兩面撒粉用擀麵棍輕壓雙面，讓麵團與奶油更貼合一點，再次擀開，抹上清水。

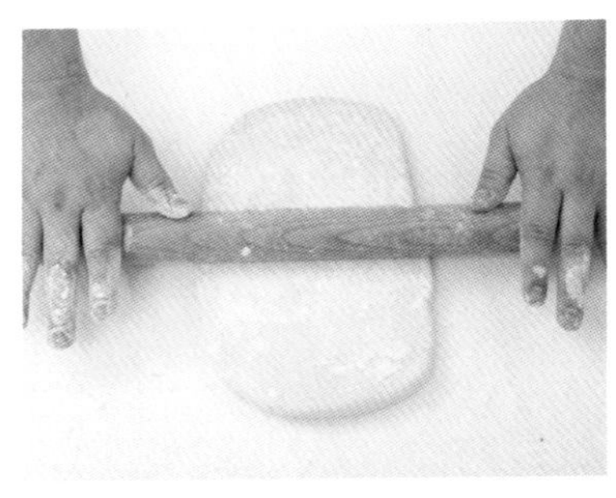
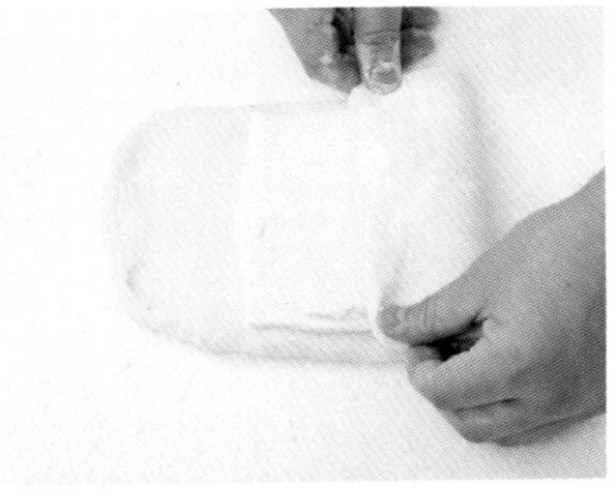
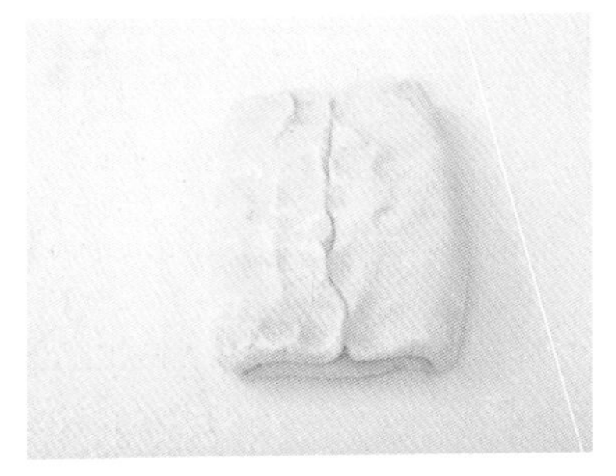
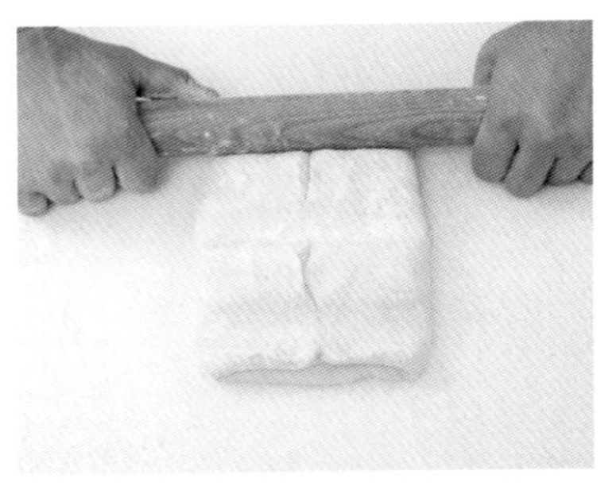
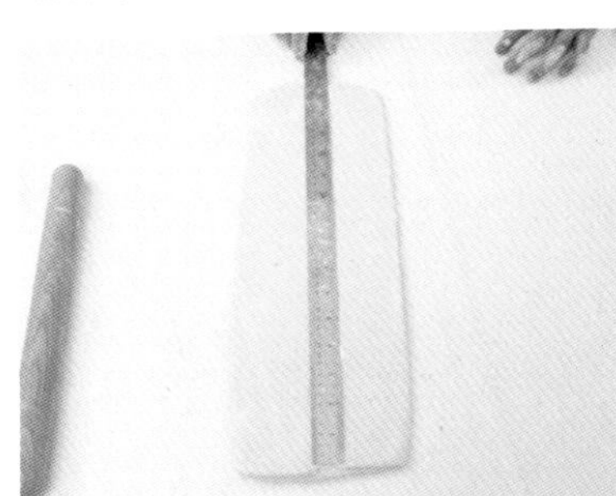
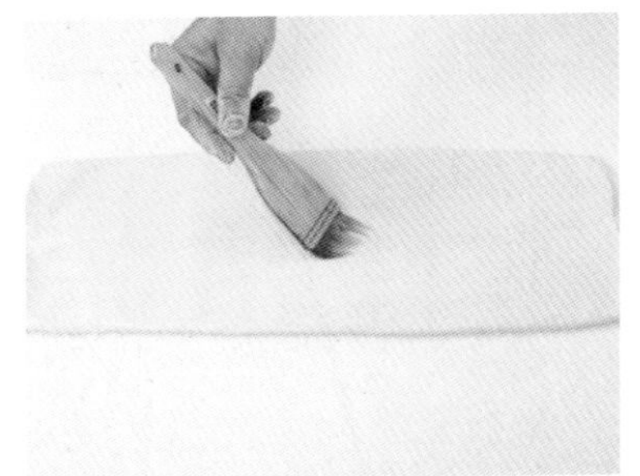

4 此為四摺一作法。麵團取 4/5 朝另一側摺疊，取另一邊摺回，一側鋪上巧克力大理石（P.89），刷上一層薄薄的清水。

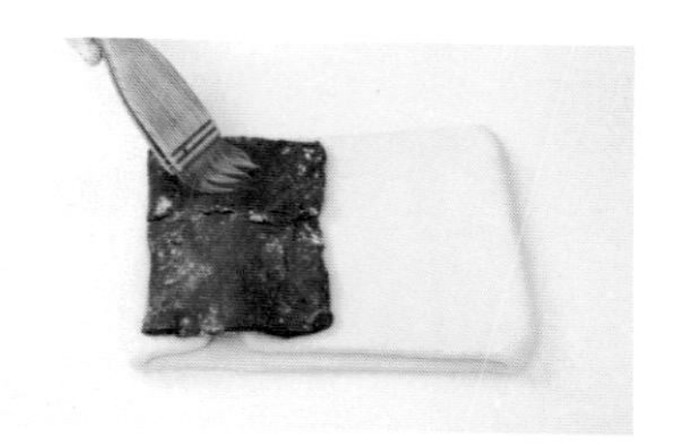

5 取另一側麵團闔起，正反兩面撒粉用擀麵棍輕壓雙面，讓麵團與奶油更貼合一點。再次擀開長度 40 ~ 45 公分，刷上一層薄薄的清水。

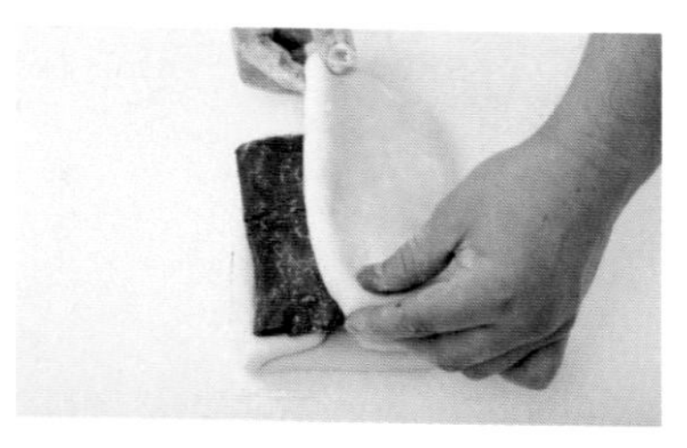

6 此為四摺二作法。麵團取 4/5 朝另一側摺疊，取另一邊摺回，整片麵團對摺，用擀麵棍輕壓雙面，讓麵團與奶油更貼合一點。用袋子仔細包覆，冷凍 30 分鐘。

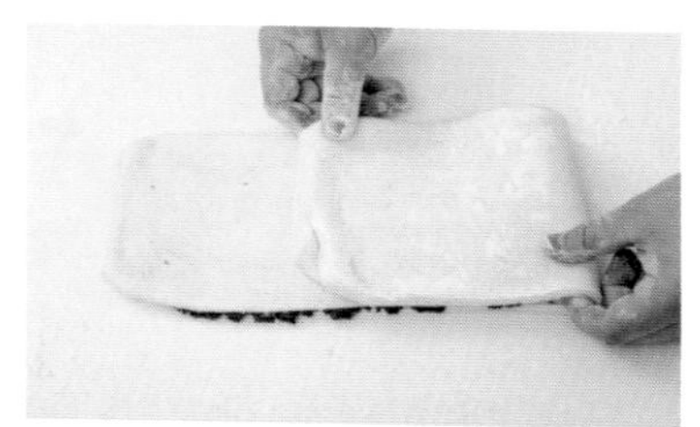
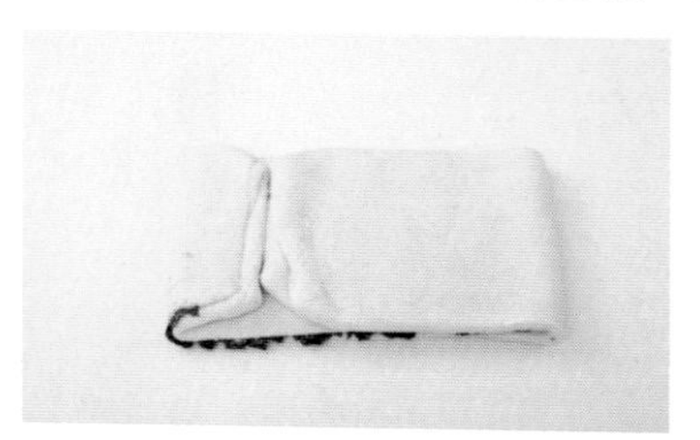
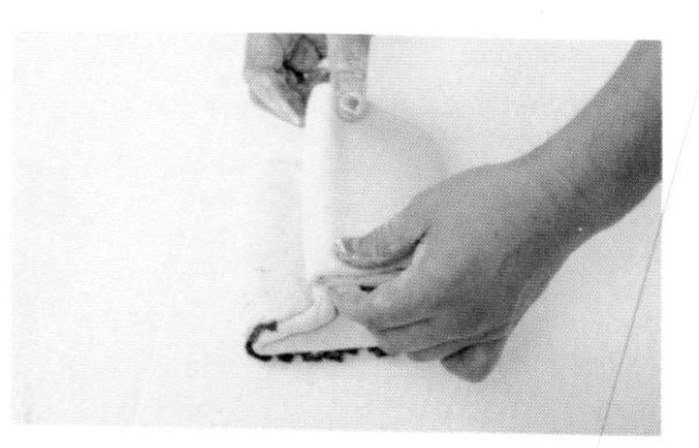

7 **整形**：冷凍後的麵團可直接操作，輕輕擀成長 30×寬 15 公分長方片，對摺，切均等 5 刀，再次擀長 30 公分，刷一層薄薄的清水。

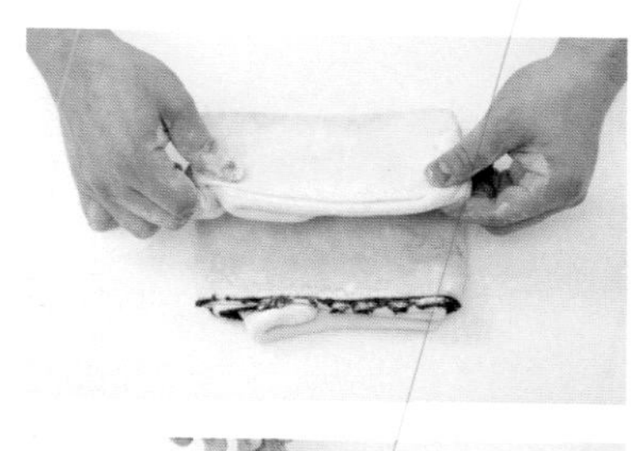
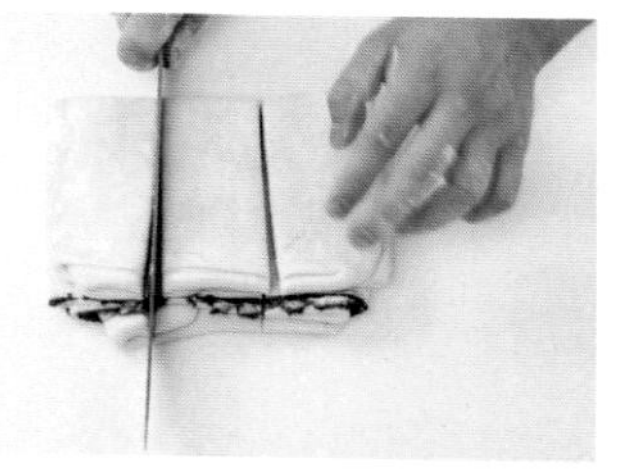
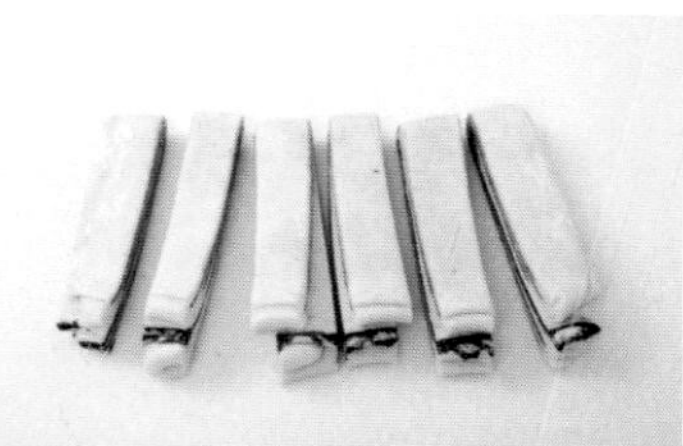
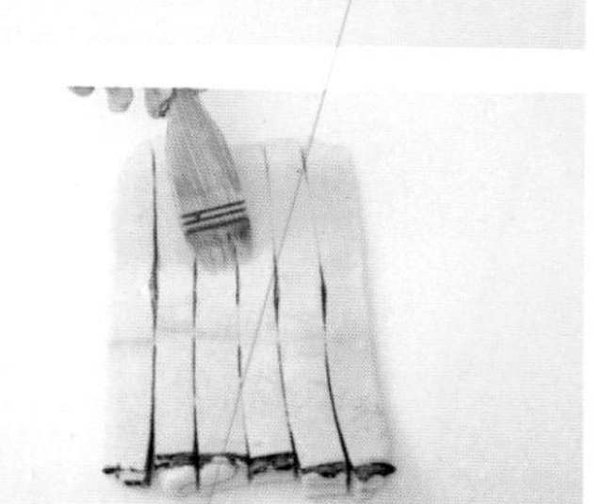

8　取刷水面重疊，前後拉長成35公分，打成三股辮(口訣是：中間的麵團朝右邊擺)，翻面，捲起成球狀，放入吐司模 SN2055。

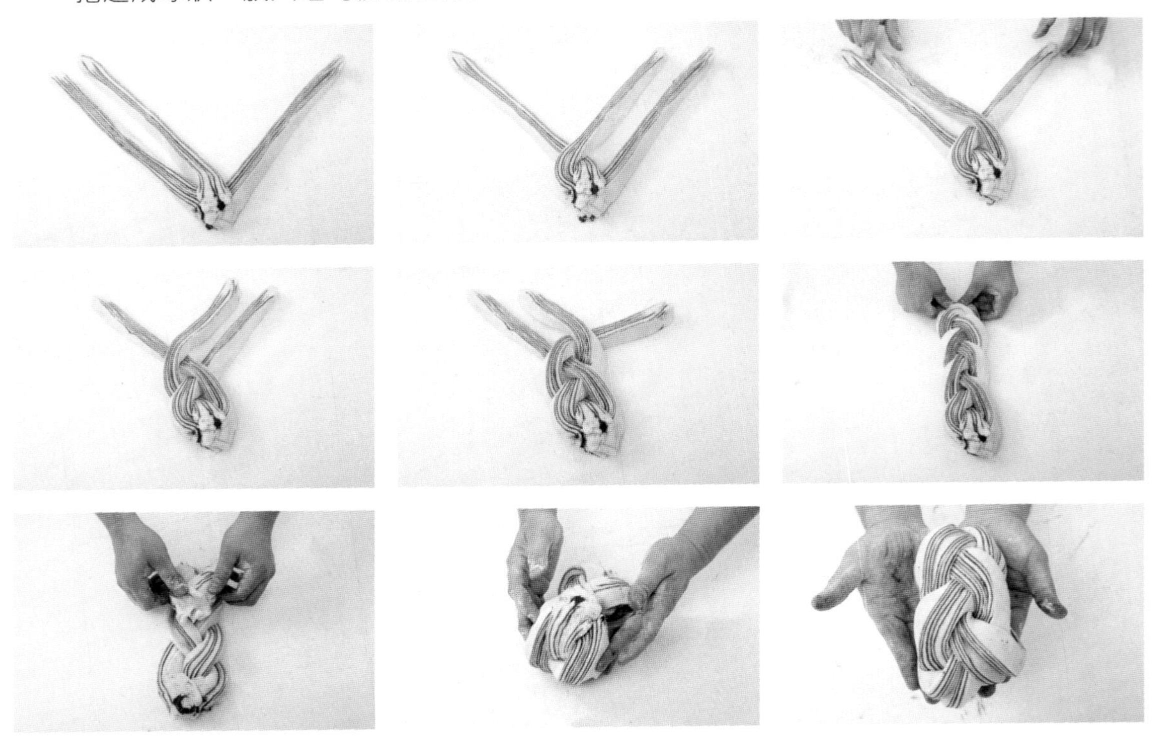

9　**最後發酵**：90分鐘(溫度28～30°C；濕度70%)，發酵至八分滿。

10　**烘烤**：送入預熱好的烤箱，上火230°C/下火200°C，烘烤30～35分鐘。烤完後雙手戴上手套出爐，把吐司模重敲桌子震出內部熱氣，倒扣脫模，完成～

千層草莓布朗尼吐司

製作工序

- 麵團 470g：草莓大理石 120g
- 參考作法整形
- 90 分鐘，溫度 28 ~ 30°C / 濕度 70%
- 上火 180°C / 下火 230°C，烘烤 30 ~ 35 分鐘

作 法

1 **木紋貼皮**：參考 P.80 ~ 83 製作至作法 12（作法 8 摺疊使用 P.29 三摺三技法）。

2 冷凍鬆弛後的麵團可直接操作。輕輕擀開，擀成長 28 × 寬 22 公分長方片，修掉不工整的邊，麵皮的一半裁切 1 公分寬麵條，表面刷水。

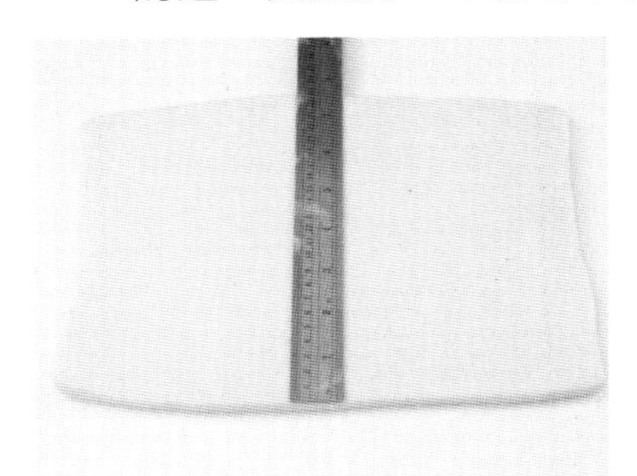

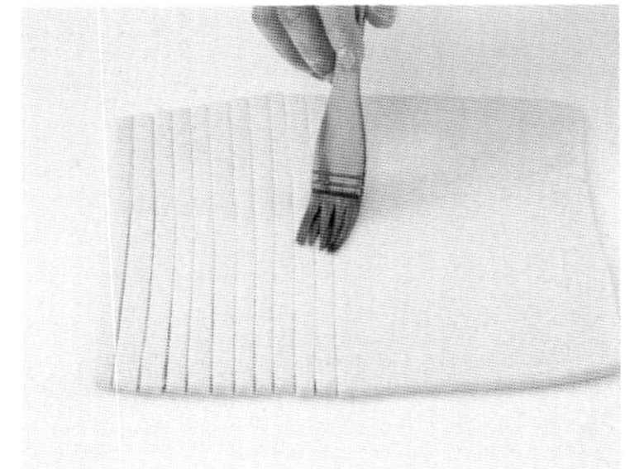

3 刷水面相疊（此步驟要一條一條緊密貼附，避免烘烤後會有很深的縫隙），用袋子妥善包覆，冷凍鬆弛 10 分鐘。

4　**整形**：取出冷凍鬆弛好的麵團，兩面撒適量手粉，擀開擀成長 40 × 寬 20 公分，對半切。

5　麵團再次擀開成長 24 × 寬 18 公分；草莓大理石片擀長 20 × 寬 16 公分。

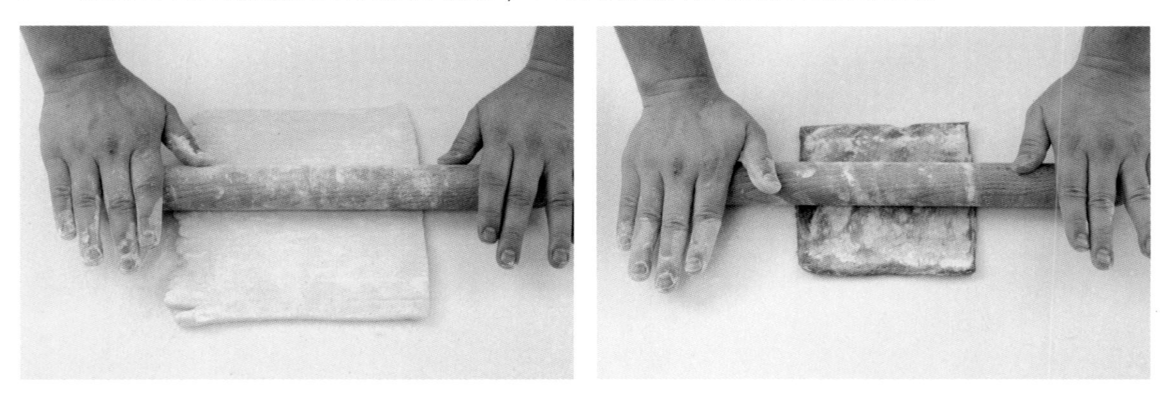

6　擺在一起要像這樣，草莓大理石麵團需比白色麵團小一號。表面刷水，鋪上草莓大理石片，由上朝下輕輕捲起，兩側修邊，放入吐司模 SN2151 中。

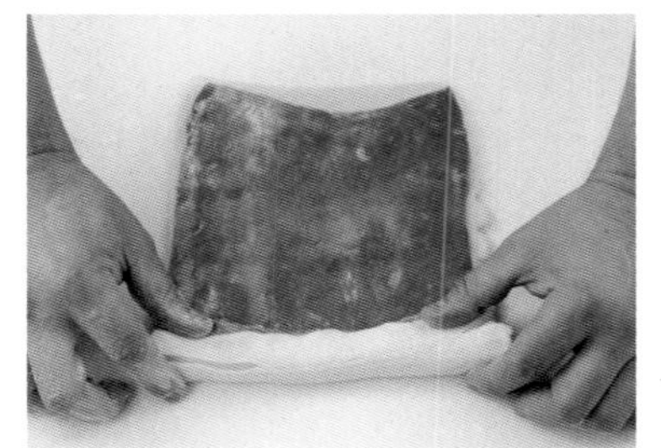

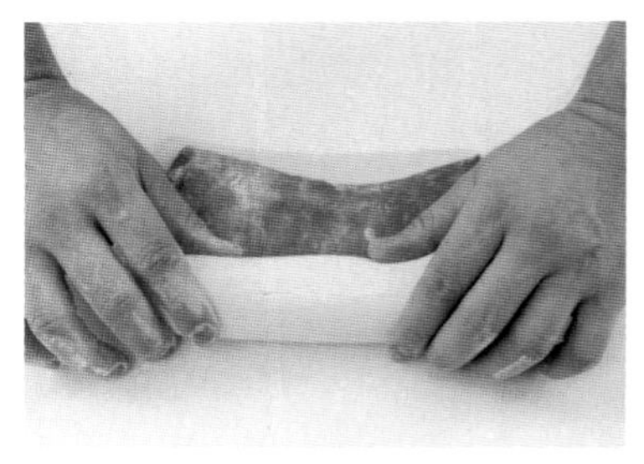
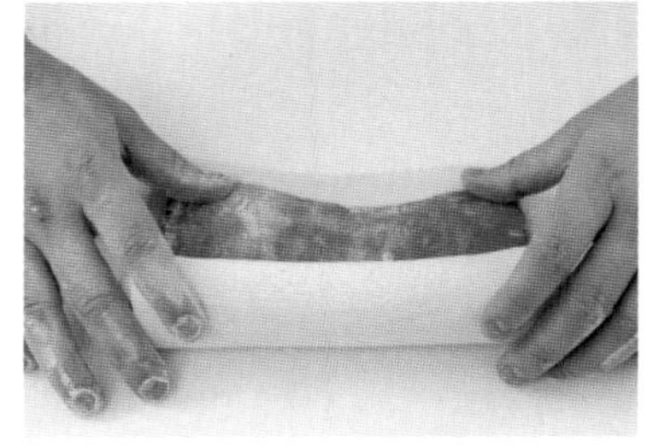
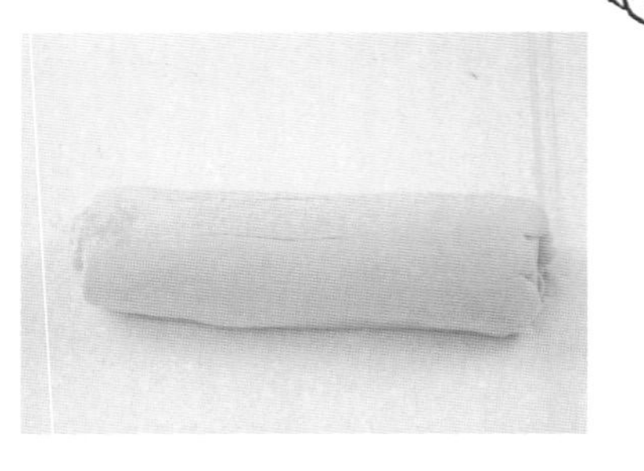

7　**最後發酵**：90 分鐘（溫度 28~30 度；濕度 70%），發酵至八分滿。

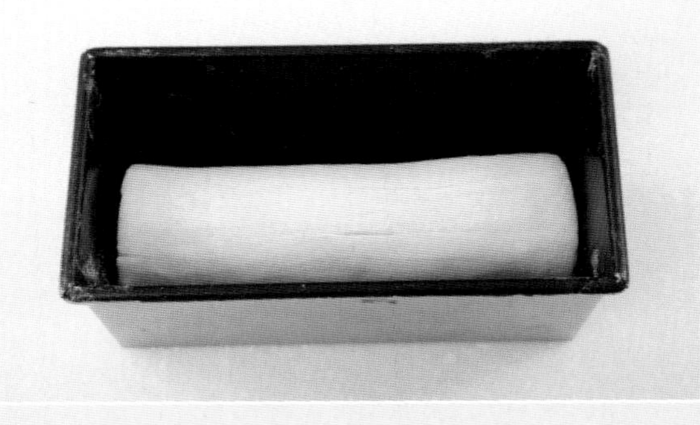
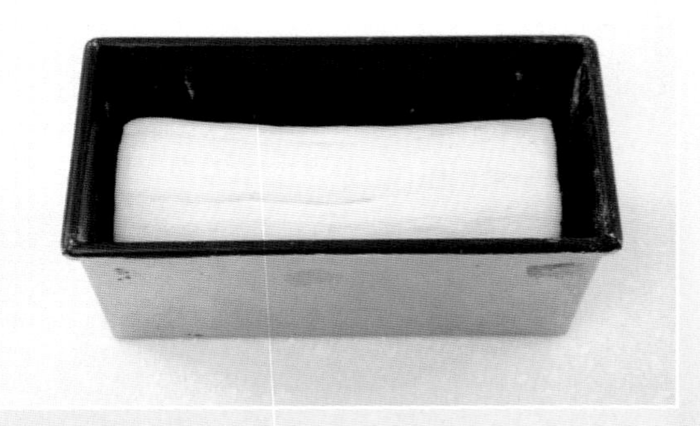

8　**烘烤**：送入預熱好的烤箱，上火 180°C / 下火 230°C，烘烤 30 ~ 35 分鐘。

紅豆卡士達千層吐司

製作工序

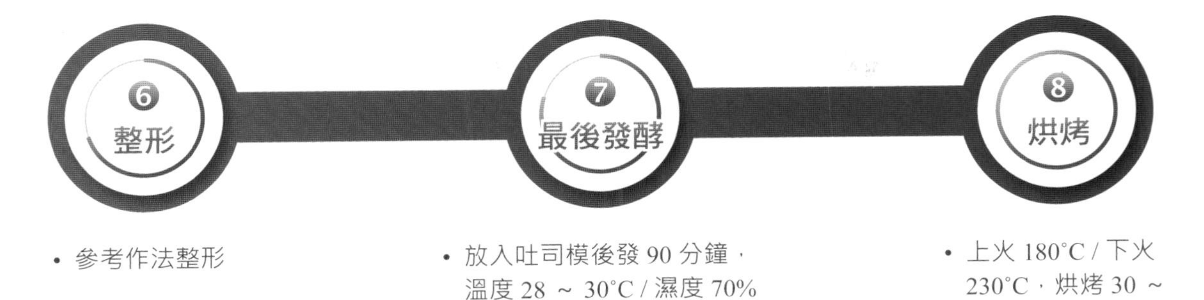

- 參考作法整形
- 放入吐司模後發 90 分鐘，溫度 28 ～ 30°C / 濕度 70%
- 上火 180°C / 下火 230°C，烘烤 30 ～ 35 分

作法

1 **卡士達紅豆餡**：將材料以卡士達醬 1：蜜紅豆粒 2 之比例混勻即可。

★卡士達醬可參照 P.39 製作。

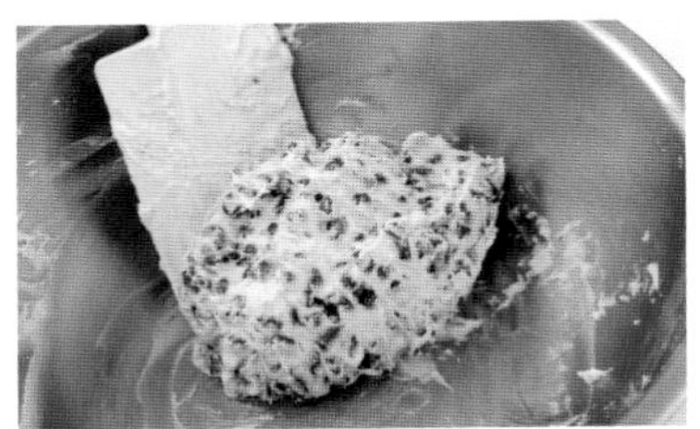

2 **整形**：參考 P.80 ～ 83 製作至作法 12，冷凍鬆弛後的麵團可直接操作。輕輕擀開，擀成長 40 × 寬 10 × 厚 0.3 公分長方片；中心刷水，抹上 50g 卡士達紅豆餡，由上往下輕輕捲起。

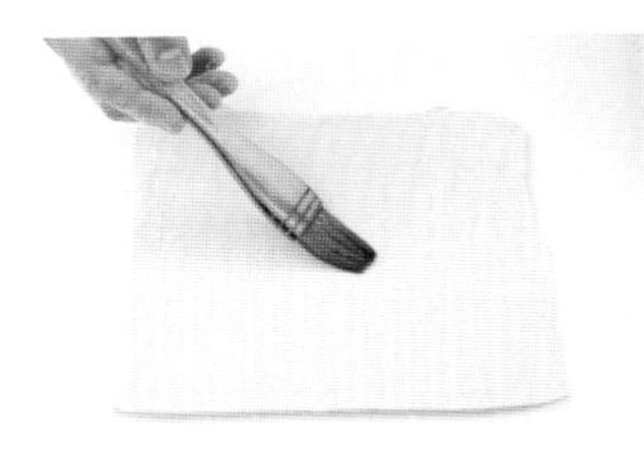
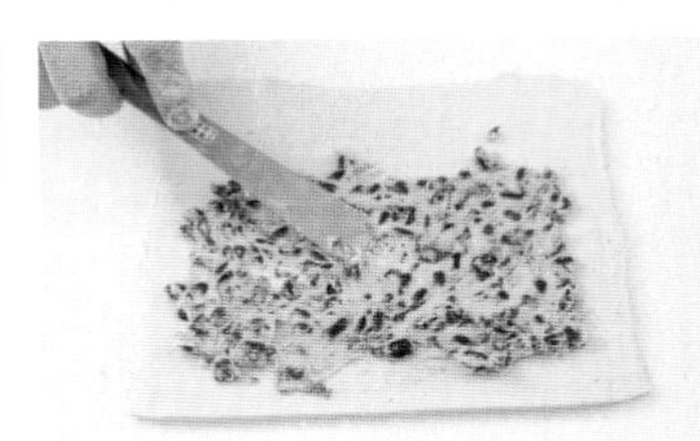

3 **最後發酵**：放入吐司模 SN2151，最後發酵 90 分鐘（溫度 28 ～ 30°C；濕度 70%），發酵至八分滿。

4 **烘烤**：送入預熱好的烤箱，以上火 180°C / 下火 230°C，烘烤 30 ～ 35 分鐘。

北海道千層吐司

製作工序

- 參考作法整形
- 放入吐司模後發 90 分鐘，溫度 28 ～ 30°C / 濕度 70%
- 上火 220°C / 下火 230°C，烘烤 25 ～ 30 分

作 法

1　**整形**：參考 P.80 ～ 83 製作至作法 12，冷凍鬆弛後的麵團可直接操作。兩面撒適量手粉，擀開成長 31 × 寬 21 公分，修邊。

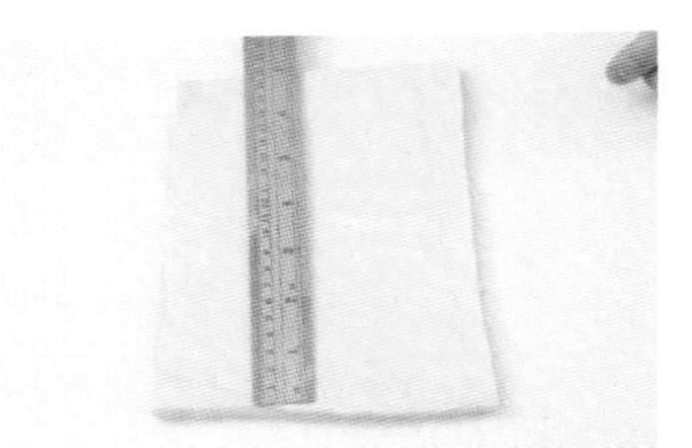

2　切半，擀長 22 × 寬 22 公分，再裁出長寬 7 公分正方片，取三片疊成一落，放入 7 公分正方形吐司模內（SN2180）。

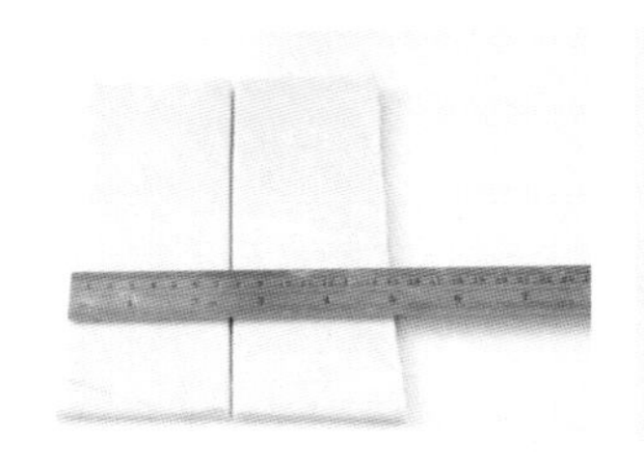

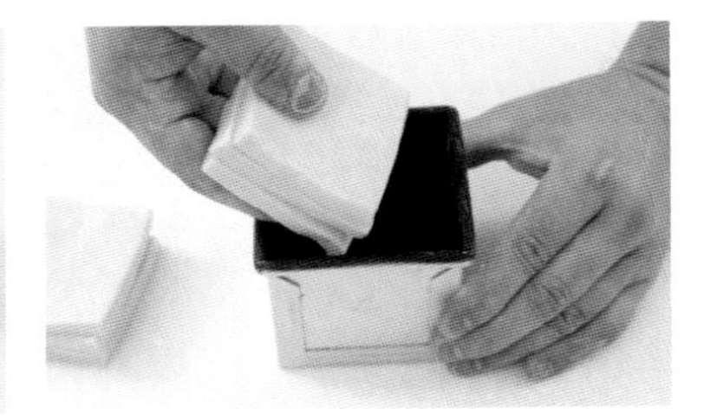

3　**最後發酵**：發酵 90 分鐘（溫度 28 ～ 30°C；濕度 70%），發酵至八分滿。

4　**烘烤**：送入預熱好的烤箱，以上火 220°C / 下火 230°C，烘烤 25 ～ 30 分鐘。

5　出爐放涼，底部戳洞，擠入 20g 北海道煉乳奶油（P.37）。

布郎尼巧克力可頌

製作工序

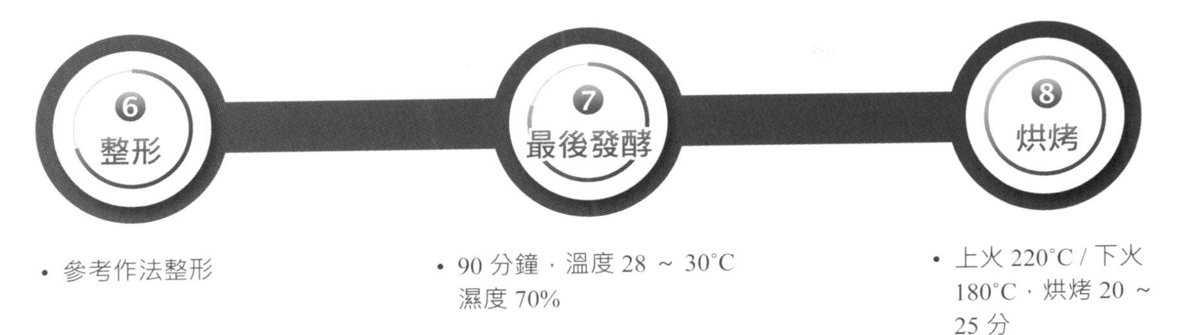

- 參考作法整形
- 90 分鐘，溫度 28 ~ 30°C 濕度 70%
- 上火 220°C / 下火 180°C，烘烤 20 ~ 25 分

作法

1 **整形**：參考 P.80 ~ 83 製作至作法 12，冷凍鬆弛後的麵團可直接操作；取出冷藏後的麵團，兩面撒適量手粉，擀開成長 15 × 寬 10 公分。

2 巧克力大理石麵團參考 P.89 製作，取 60g 之重量，擀成長 12 × 寬 10 公分之長方片。

3 麵皮刷水，鋪巧克力大理石片，捲起成圓柱狀，表面割 7 刀。

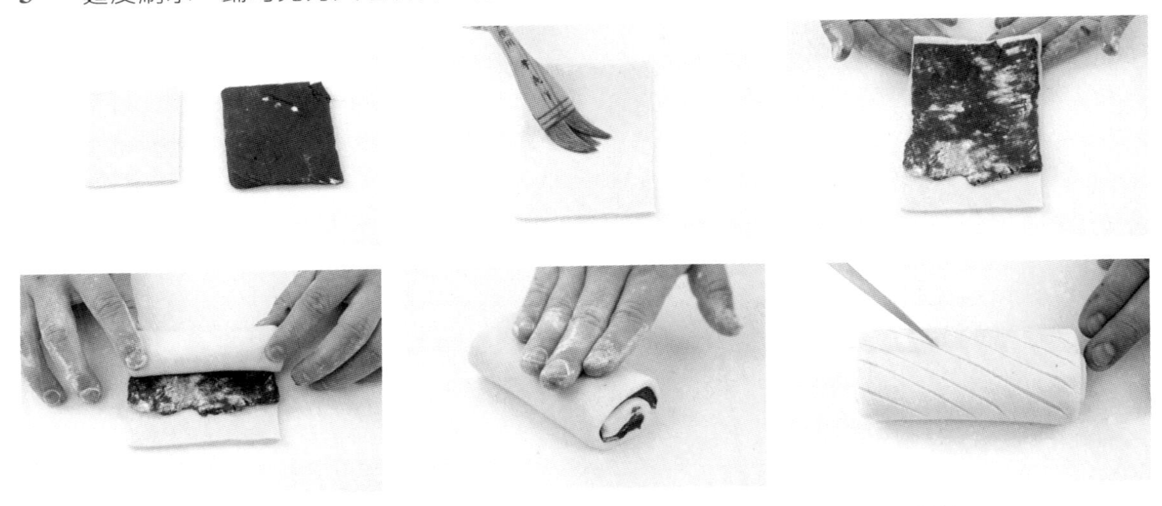

4 **最後發酵**：發酵 90 分鐘（溫度 28 ~ 30°C；濕度 70%），發酵至八分滿。

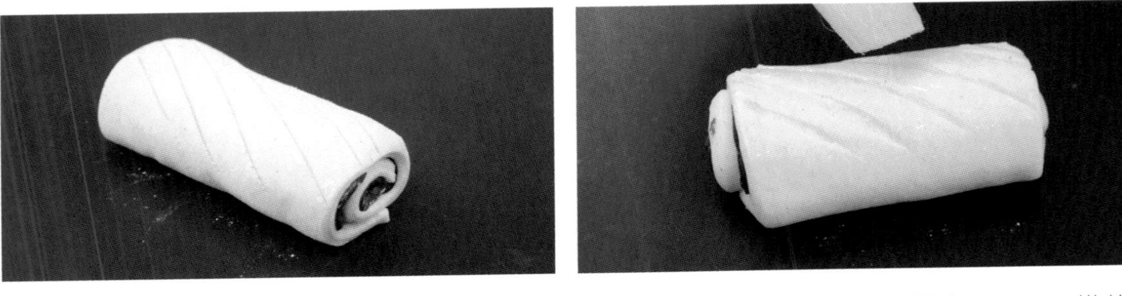

5 **烘烤**：刷一層薄薄的蛋黃液，送入預熱好的烤箱，以上火 220°C / 下火 180°C，烘烤 20 ~ 25 分鐘。

千層菠蘿可頌

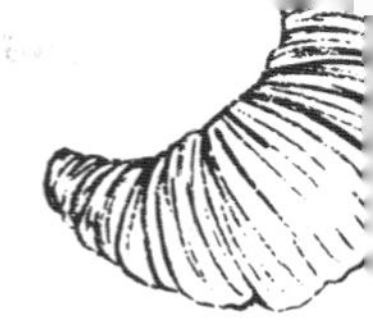

製作工序

- 參考作法整形
- 90 分鐘，溫度 28 ～ 30°C 濕度 70%
- 上火 180°C / 下火 200°C，烘烤 20 ～ 25 分

菠蘿皮

材料	公克
無鹽發酵奶油	150
糖粉	110
全蛋	50
低筋麵粉	280
二砂糖	100

作法

1 攪拌缸加入無鹽發酵奶油、過篩糖粉，拌勻至無粉狀。

2 轉中速，分 5 次慢慢加入全蛋拌勻。

3 到此階段是半成品，用保鮮膜封住鋼盆冷藏可放一週。

4 產品組合前，把半成品、過篩低筋麵粉用手拌壓至不黏手，加入二砂糖拌壓至糖均勻分布；分割 40g 菠蘿皮，此為 15 個皮的量，建議以 15 個為一次生產單位，因為如果大量生產，皮會因加入低筋麵粉緊縮變硬，來不及包覆麵團。

作法

1 **整形**：參考 P.80 ～ 83 製作至作法 12，冷凍鬆弛後的麵團可直接操作；取出冷藏後的麵團，兩面撒適量手粉，擀開成長寬 31 公分之正方片，修掉不工整的邊，麵皮再裁切長寬 10 公分正方片，用袋子妥善包覆，冷藏鬆弛 10 分鐘。

2 取出冷藏後的麵團，兩面撒適量手粉，擀開成長寬 12 公分，朝中心摺疊。

3 手捏著摺疊處，另一面蓋上 40g 菠蘿皮，用虎口與掌心慢慢把菠蘿皮往上推展，間距相等放入鋪上耐烤杯的 SN6031 圓模。

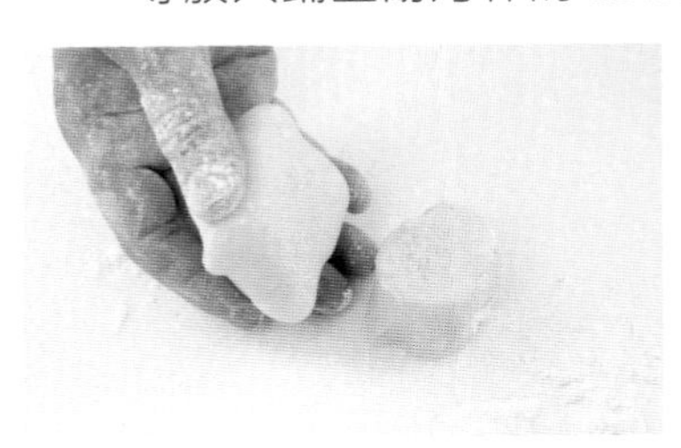

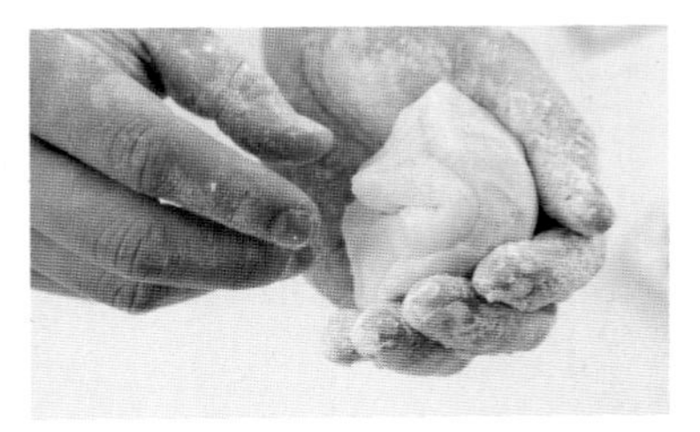

4 **最後發酵**：發酵 90 分鐘（溫度 28 ～ 30°C；濕度 70%），發酵至 1.5 倍大。

5 **烘烤**：送入預熱好的烤箱，以上火 180°C / 下火 200°C，烘烤 20 ～ 25 分鐘。

肉桂千層酥

製作工序

- 參考作法整形
- 90 分鐘，溫度 28 ~ 30°C 濕度 70%
- 上火 220°C / 下火 200°C，烘烤 30 ~ 35 分

作法

1 **整形**：參考 P.80 ~ 83 製作至作法 12，冷凍鬆弛後的麵團可直接操作；兩面撒適量手粉，擀開成長 31 × 寬 21 公分，切對半。

2 再擀長 28 × 寬 17 公分，抹 100g 肉桂糖內餡（P.73），由前朝後輕輕捲起，用袋子妥善包覆，冷凍鬆弛 10 分鐘。模具 SN6031 內先放一個耐烤紙杯。每一份肉桂捲長度量 3 公分，切斷，放入模具中。

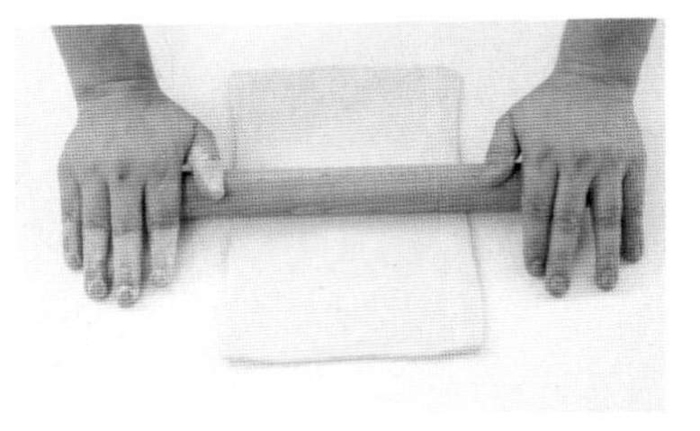

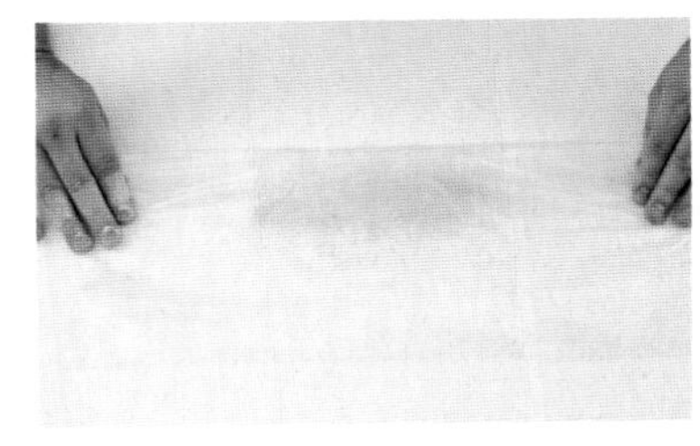

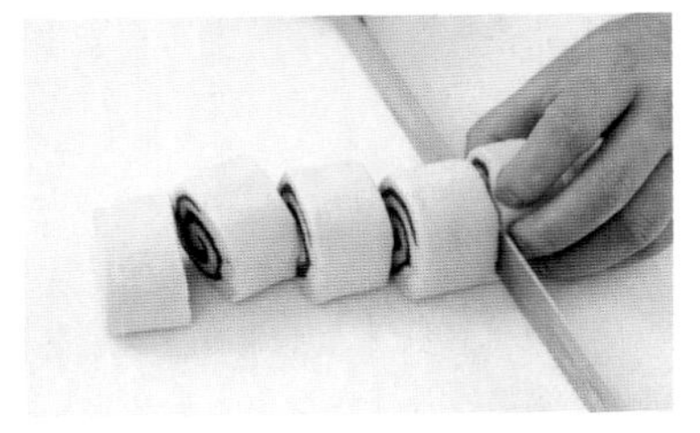

3 **最後發酵**：發酵 90 分鐘（溫度 28 ~ 30°C；濕度 70%），發酵至 1.5 倍大。

4 **烘烤**：送入預熱好的烤箱，以上火 220°C / 下火 200°C，烘烤 30 ~ 35 分鐘。

PRODUCT 46

玉米火腿千層

製作工序

- 參考作法整形
- 90 分鐘，溫度 28 ~ 30°C
  濕度 70%
- 上火 220°C / 下火
  200°C，烘烤 20 ~
  25 分

作法

1 **整形**：參考 P.80 ~ 83 製作至作法 12，冷凍鬆弛後的麵團可直接操作；兩面撒適量手粉，擀開成長寬 12 公分，表面刷水，鋪一片火腿片，對角線處切四刀（不切斷），摺疊成風箏狀。

2 **最後發酵**：發酵 90 分鐘（溫度 28 ~ 30°C；濕度 70%），發酵至 1.5 倍大。

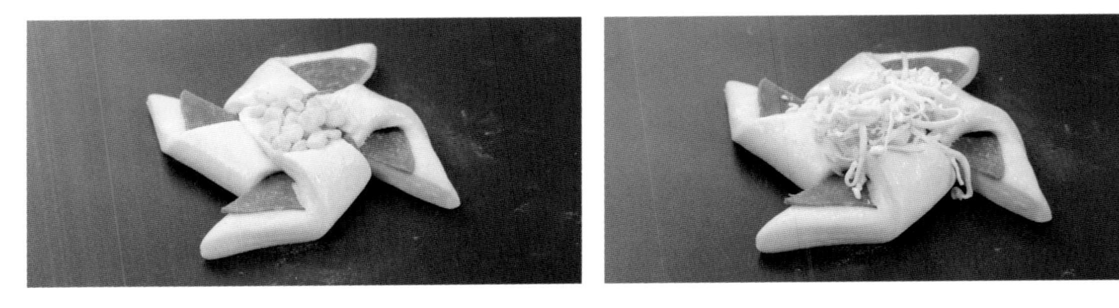

3 **裝飾烘烤**：刷薄薄一層全蛋液，中心撒玉米粒、乳酪絲，送入預熱好的烤箱，以上火 220°C / 下火 200°C，烘烤 20 ~ 25 分鐘。

放浪捲捲酥

材料

麵團（分割 460g）		公克
A	奧本製粉法國麵粉：惠	1300
	細砂糖	190
	海鹽	15
	新鮮酵母	30
B	動物性鮮奶油	100
	水	585
	無鹽奶油	80

油團（分割 400g）	公克
低筋麵粉	600
片狀奶油	1400

Tips! 因為延展度的關係，奶油一定要用片狀的。塊狀奶油延展度比較不好，手擀雖然做的出來，但機器的攪打力道比較強，容易做失敗。

作法

1 **油團製作**：材料全部拌勻，分割 400g，裝入袋子，用擀麵棍擀壓成長 13 × 寬 10 公分之片狀，厚度不限主要取長寬，冷凍 60 分鐘。

2 **麵團製作**：攪拌缸分區下材料 A，用低速打 20 秒；再依序下剩餘的所有材料，低速 5 分鐘，轉中速 1 分鐘，攪打至成團即可，不需特意打至擴展或完全擴展，因為這款是靠摺疊產生麵筋，麵團終溫 25 ～ 28°C。

3 **冷藏鬆弛**：用切麵刀分割 460g，裝入透明袋中，四邊留適量間距妥善包覆，用擀麵棍輕輕壓開，再推展成長 15 × 寬 10 公分，冷藏 30 ～ 60 分鐘備用。

4 **裹油**：取出冷藏完畢的麵團，擀成長 17 × 寬 13 公分。油團用擀麵棍壓軟，輕輕擀開成長 30 × 寬 17 公分。

5 取油團鋪底，中心放上麵團，油團兩側朝中心摺疊，擀麵棍輕壓，讓油團與麵團更貼合一點。

6 **摺疊**：擀成長度 40 ～ 45 公分，兩端取各 1/3 朝中心摺疊，此為三摺一。

7 **三摺二**：參考上面的作法再次擀開摺疊（此為三摺二），用袋子仔細包覆，冷藏 30 分鐘。

8 **三摺三**：取出冷藏的麵團，參考上面的作法再次擀開摺疊（此為三摺三）用袋子仔細包覆，冷藏 30 分鐘。

9 **整形**：取出冷藏後的麵團直接操作，擀成長 60 × 寬 18 公分，兩端各取 1/3 朝內摺疊，左右兩邊修邊（約 0.5 公分），再次展開修邊（約 0.5 公分），修整成工整的長方片。

10 長邊量 1 公分，切條，放在鋪上透明袋的烤盤上，表面妥善包覆，冷藏 10 分鐘。

11 取出冷藏後的麵團直接操作，把麵團旋轉數圈，再一手前推一手後推，把麵團推捲成形。用保鮮膜妥善蓋著，冷藏鬆弛 10 分鐘。

12 **裝飾烘烤**：這款不需最後發酵。表面噴水，滾上細砂糖。送入預熱好的烤箱，以上下火 160°C，烘烤 20 ～ 25 分鐘。

巧克力千層棒

製作工序

- 分割 450g
- 冷凍 1 晚，最少 8 小時

- 麵團 450g：裹油 120g：巧克力大理石 120g

- 參考作法整形

- 60 分鐘，溫度 28 ~ 30°C / 濕度 70%

- 上火 180°C / 下火 180°C，烘烤 18 ~ 22 分鐘

作法

1 **分割冷凍**：參考 P.80 ~ 81 製作至作法 4。用刮板從底部鏟入取下發酵好的麵團，切麵刀分割 450g，移動到展開的袋子上，把上下袋子闔上，手掌壓至厚度 1 公分。

2 再把左右袋子闔起，用擀麵棍把麵團朝四邊推平（長 18 × 寬 14 公分），移動到烤盤上，送入冰箱冷凍一晚，最少冷凍 8 小時。

3 片狀奶油每塊裁切成 120g，用擀麵棍擀壓成長 14 × 寬 11 公分。巧克力大理石片分割 120g（作法參考 P.89），用擀麵棍擀壓成長 12 × 寬 10 公分，冷凍備用。

4 **裹油摺疊**：取出冷凍隔夜的麵團，使用前從冷凍放到冷藏，退冰 60 ~ 90 分鐘（麵團溫度約 0°C 至負 3°C）。

5 麵團撒適量手粉，擀麵棍擀成長 35 × 寬 16 公分長方片。

6 中心鋪奶油片，取 1/3 朝中心摺疊，鋪上巧克力大理石麵團，白色麵團處刷上一層薄薄的清水。

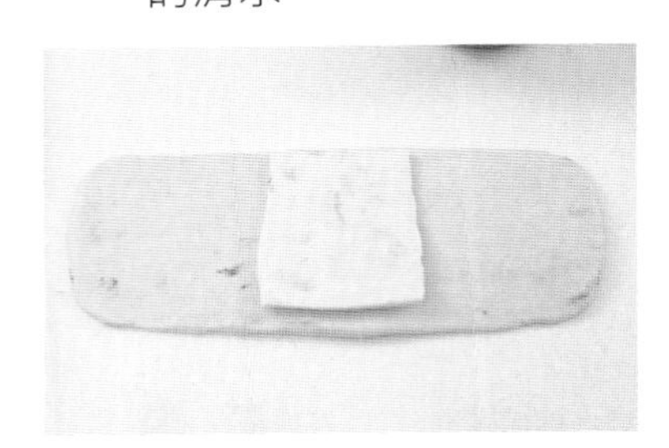
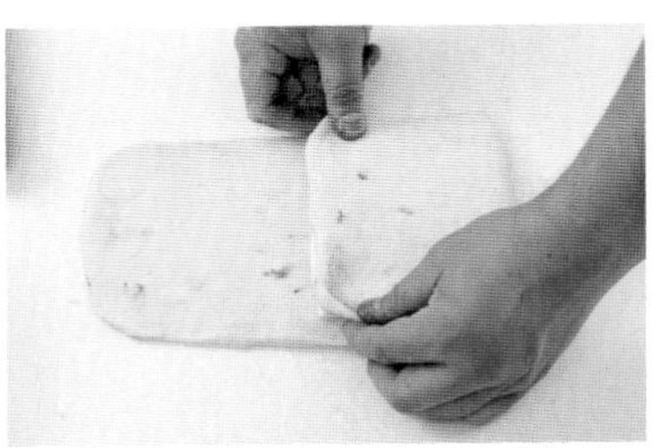

7 取另一側麵團闔起，正反兩面撒粉用擀麵棍輕壓雙面，讓麵團與奶油更貼合一點。再次擀開長度 45 公分，刷上一層薄薄的清水。

8 **三摺三**：麵團取 1/3 朝中心摺疊，取另一側摺回，用擀麵棍輕壓，讓麵團與奶油更貼合一點，用袋子仔細包覆，冷凍 30 分鐘（此為三摺一）。重複本步驟兩次即為三摺二（擀開長度都是 45 公分）。

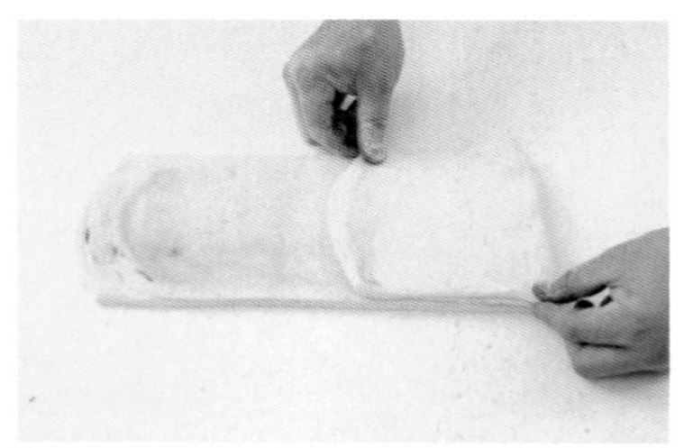
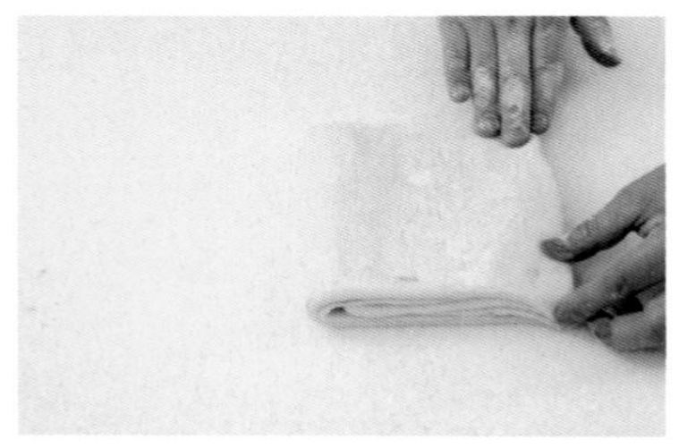
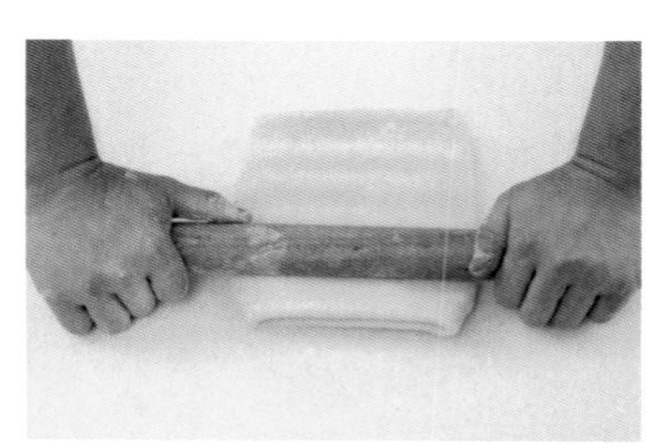
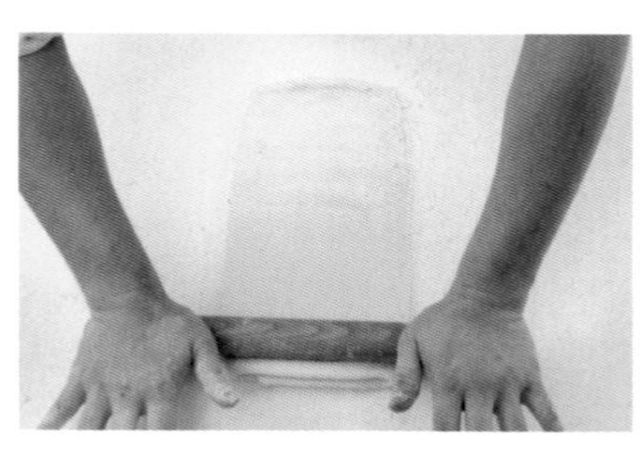

9 **整形**：冷凍後的麵團可直接操作，兩面撒適量手粉，輕輕擀成長 30 × 寬 23 公分長方片，修去不平整的邊緣，切寬度 1.5 公分條。

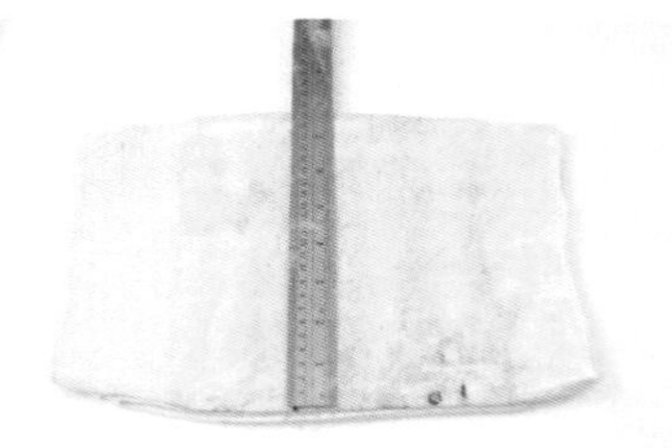
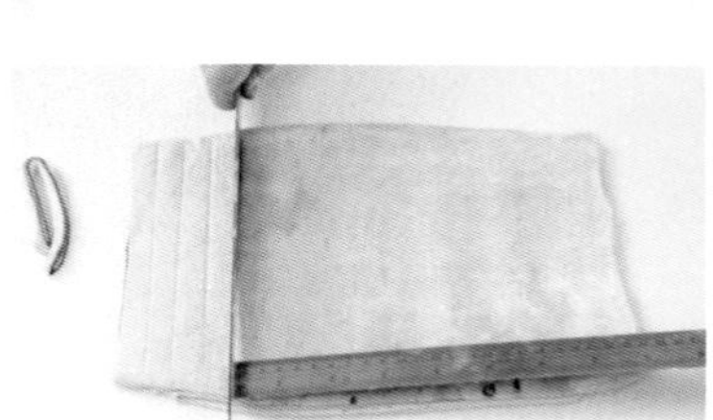
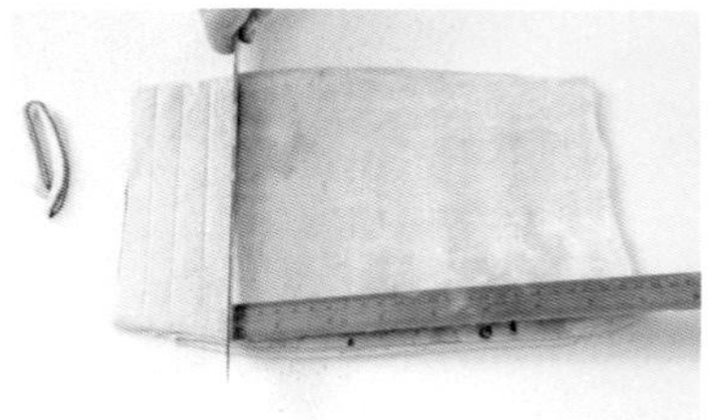

10 一手前推一手後推，把麵條捲起，間距相等放上不沾烤盤，用袋子妥善包覆，冷凍鬆弛10分鐘。

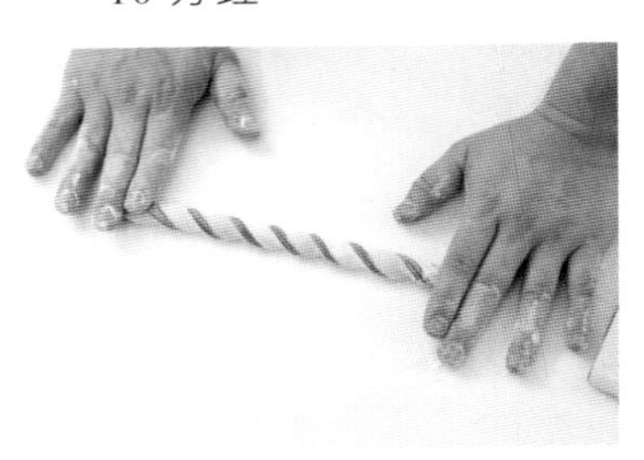  

11 **最後發酵**：60分鐘（溫度28～30°C；濕度70%），發酵至一倍大。

 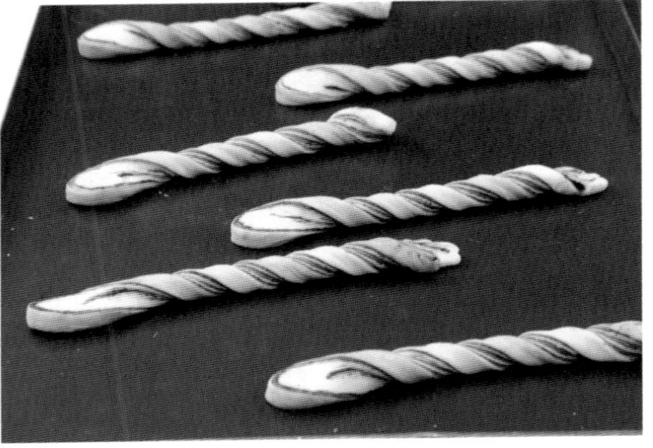

12 **烘烤**：送入預熱好的烤箱，上下火180°C，烘烤18～22分鐘。烤完後雙手戴上手套出爐，出爐放涼，完成~

國王麵團

材料

麵團	公克
法國麵粉	700
無鹽奶油（大丁 / 冷藏奶油）	230
鹽	18
細砂糖	60
冰水	250

裹入油	公克
片狀無鹽奶油（大丁冷藏）	700
法國麵粉（過篩）	300

製作工序

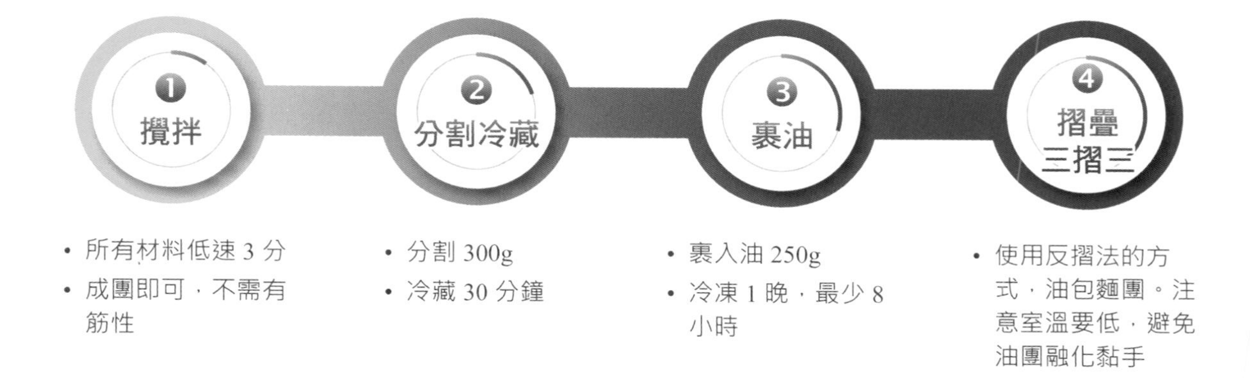

- 所有材料低速 3 分
- 成團即可，不需有筋性

- 分割 300g
- 冷藏 30 分鐘

- 裹入油 250g
- 冷凍 1 晚，最少 8 小時

- 使用反摺法的方式，油包麵團。注意室溫要低，避免油團融化黏手

作法

1　攪打麵團前需先將裹入油製作完畢，裹入油所有材料拌勻即可，分割 250g 裝入袋子中，擀長 26 × 寬 18 公分，冷藏備用。

2　**麵團攪拌**：攪拌缸下所有材料，槳狀攪拌器用低速打 3 分鐘，攪打至成團即可，不需有筋性。

3 **分割冷藏**：切麵刀分割 300g，底部鋪一張塑膠袋，四邊留一點空間妥善包覆，將麵團用擀麵棍輕壓，四邊推整，再擀成長 16× 寬 13 公分片裝，冷藏 30 分鐘（最多可冷藏三天）。取出冷藏後的麵團直接操作擀開。

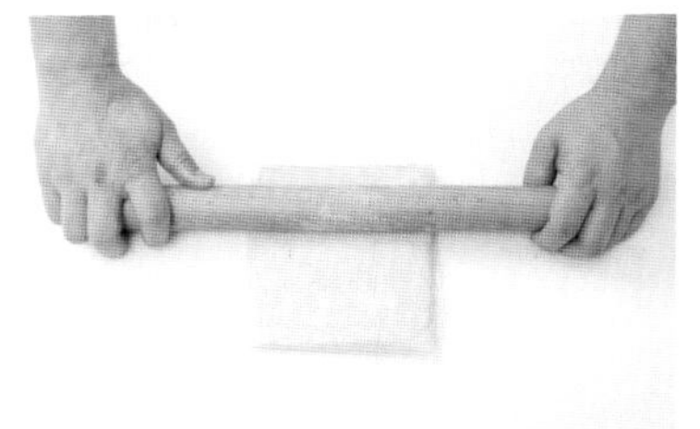
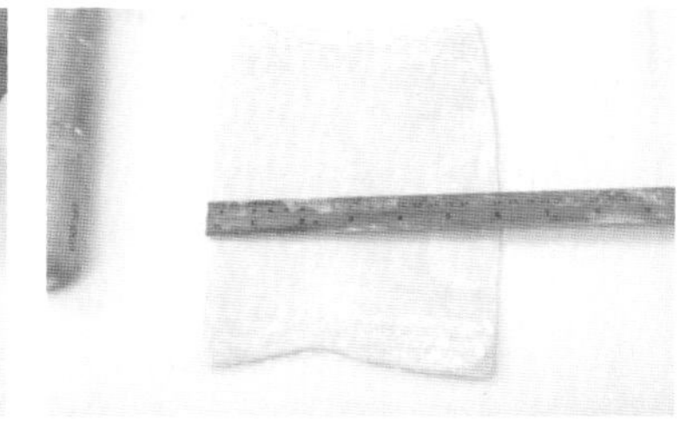

4 **裹油**：麵團擀成長 18× 寬 12 公分；取裹入油鋪底，中心放上麵團，取兩端朝中心摺起，擀麵棍輕壓，讓奶油與麵團更貼合一點。

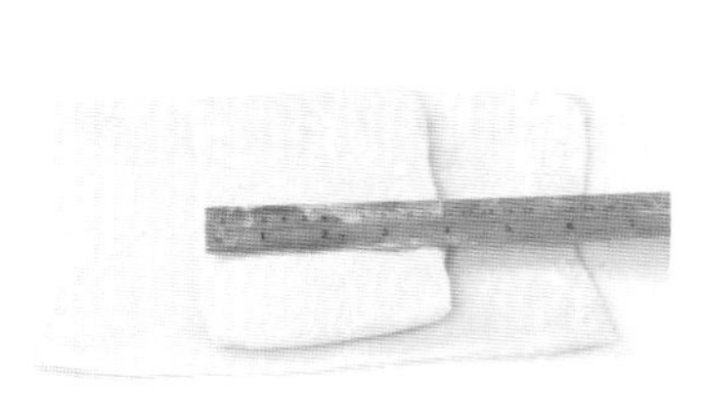

5 **摺疊（三摺三）**：擀成長度 40 ~ 45 公分，兩端取各 1/3 朝中心摺疊，擀麵棍輕壓，讓奶油與麵團更貼合一點，用袋子包覆麵團，冷藏鬆弛 30 分鐘，此為三摺一。

6 取出冷藏後的麵團，兩面撒適量手粉擀成長度 40 ~ 45 公分，兩側取各 1/3 朝中心摺疊，擀麵棍輕壓，讓奶油與麵團更貼合一點，用袋子包覆麵團，冷藏鬆弛 30 分鐘，此為三摺二。

7 取出冷藏後的麵團，兩面撒適量手粉擀成長度 40 ~ 45 公分，兩側取各 1/3 朝中心摺疊，擀麵棍輕壓，讓奶油與麵團更貼合一點，用袋子包覆麵團，冷藏鬆弛 30 分鐘，此為三摺三。

★冷藏後的麵團就可直接製作成產品囉！具體整形作法可參考 PRODUCT.49 ~ 63 製作。

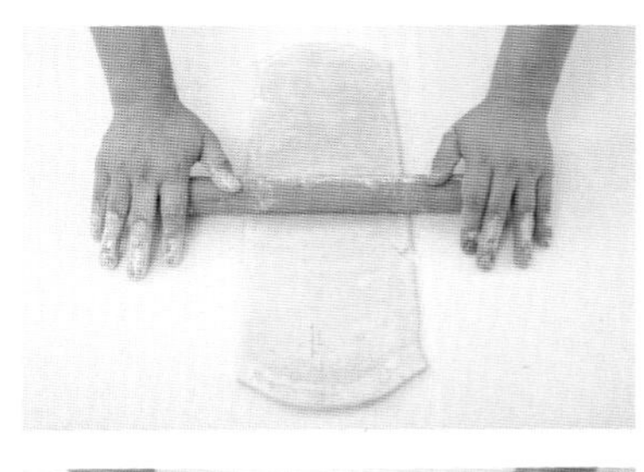
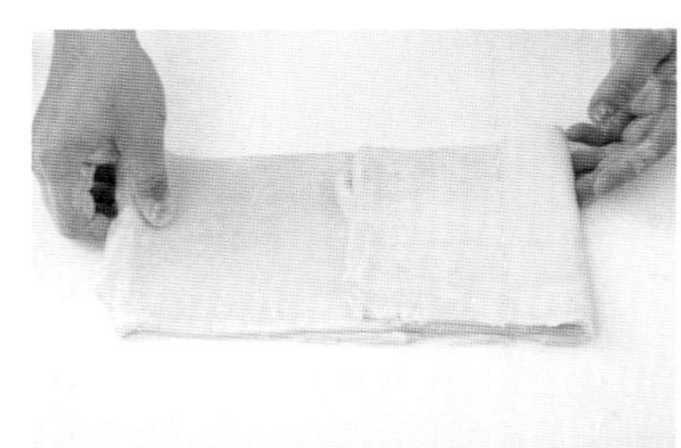

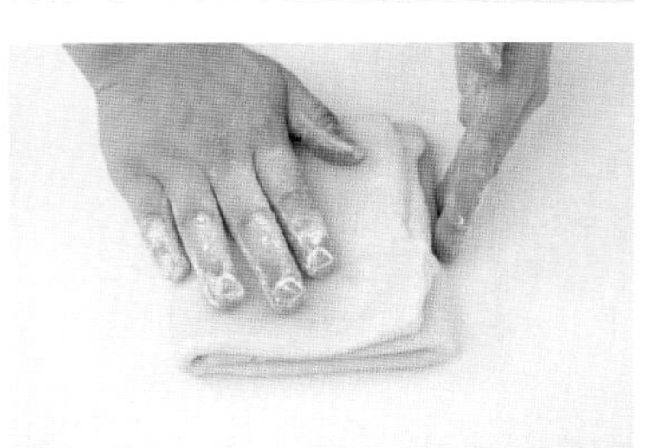

國王蛋塔

材料

蛋塔液		公克
A	細砂糖	200
	鮮奶	450
	新鮮香草莢	1/2 根
B	動物性鮮奶油	400
	蛋黃	130

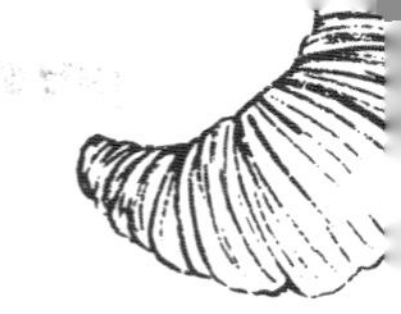

製作工序

- 參考作法整形

- 模具 SN6031
- 麵團約 60 ~ 70g
  蛋塔液 40 ~ 45g

- 上火 180°C / 下火 180°C，烘烤 50 ~ 55 分

作法

1　**蛋塔液**：鋼盆加入材料 A（新鮮香草莢需剖半取籽），中大火加熱至 35°C；關火，加入材料 B 以打蛋器拌勻，用粗篩網過篩（避免把香草籽濾掉）。

2　**整形**：參考 P.120 ~ 121 製作至作法 7，冷藏鬆弛後的麵團可直接操作，取出擀開成長 31× 寬 20 公分，準備直徑 10 公分的圓模，壓出圓片，用袋子妥善包覆，冷藏鬆弛 10 分鐘。

3　圓片兩面沾手粉，用大拇指在中心壓一個直徑 5 公分凹形，圓片會往上擠壓呈現一個微微的碗形；放入模具中，沿著模具直角處輕輕壓一圈，讓麵皮盡可能貼合底部；把模具垂直放，大拇指沿著圓模邊圓壓一圈，冷藏 10 分鐘。

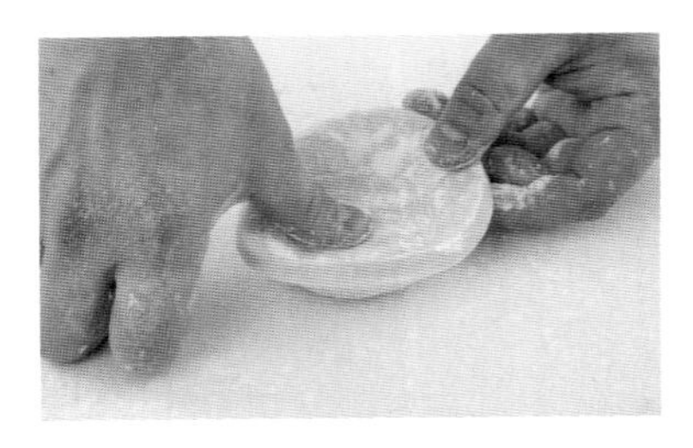

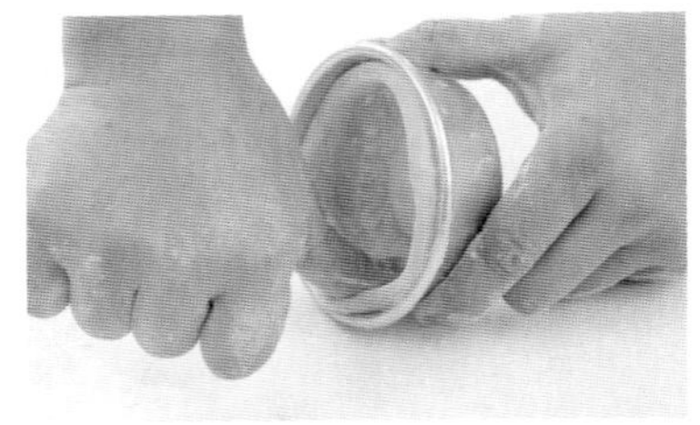

4　**注入蛋塔液**：取出冷藏的蛋塔殼，每顆注入 40 ~ 45g 蛋塔液。

5　**烘烤**：送入預熱好的烤箱，以上火 180°C / 下火 180°C，烘烤 50 ~ 55 分鐘。

愛心蝴蝶酥

製作工序

- 參考作法整形
- 毋須最後發酵
- 上火 170°C / 下火 150°C，烘烤 20 ~ 25 分

作法

1 **整形**：參考 P.120 ~ 121 製作至作法 7，冷藏鬆弛後的麵團可直接操作，取出擀開成長 45 × 寬 20 公分，表面刷水，前後取 1/4 朝中心摺起。

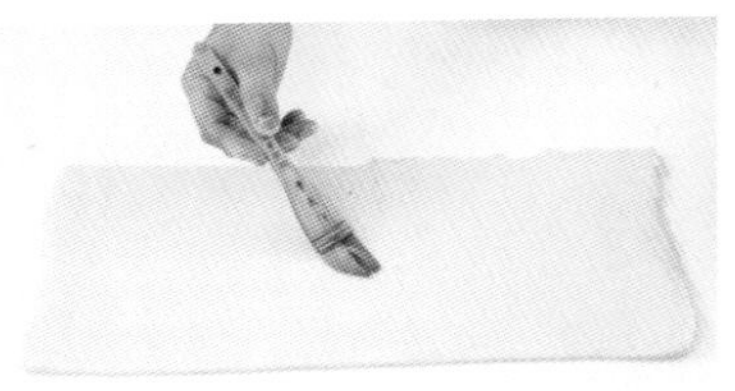

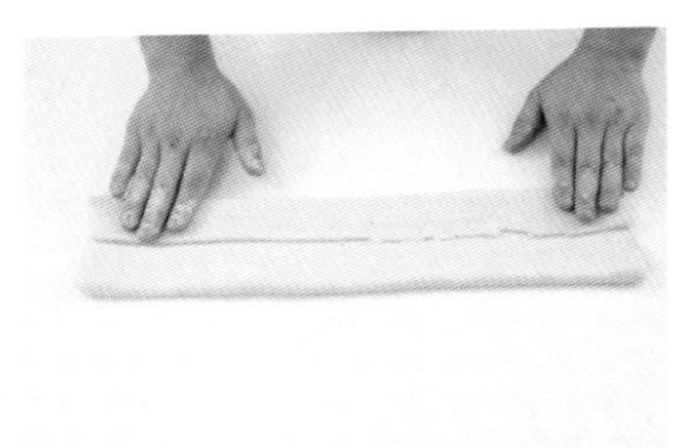

2 再次摺起，表面刷一層薄薄的水，整條裹上細砂糖。

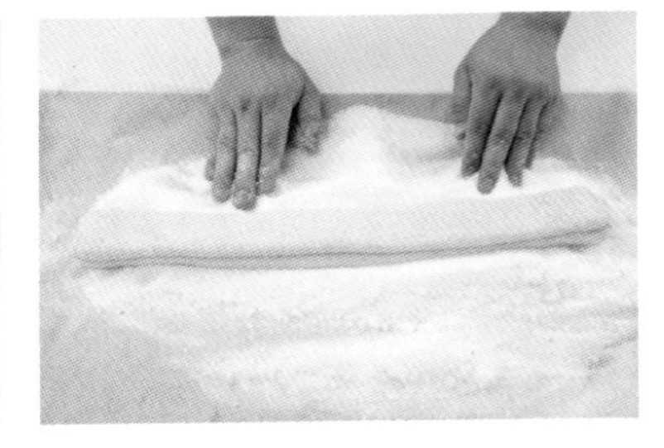

3 修去左右兩側不平整的麵皮，裁切寬 1 公分，間距相等擺上烤盤。

★這款不需最後發酵，裁切擺好後就可以烘烤囉。

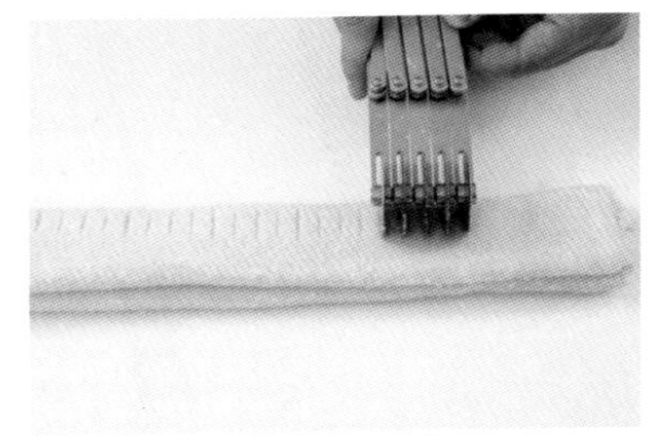

4 **烘烤**：送入預熱好的烤箱，以上火 170°C / 下火 150°C，烘烤 20 ~ 25 分鐘。

拿破崙酥

製作工序

- 參考作法整形

- 毋須最後發酵

- 上下火
  170°C，烘烤
  40 ~ 45 分

- 從此步驟開始，參考 PRODUCT.51 ~ 58 作法

作 法

1 **整形**：參考 P.120 ~ 121 製作至作法 7，冷藏鬆弛後的麵團可直接操作，取出擀開至長 31 × 寬 20 公分。

2 準備直徑 10 公分的圓模，壓出圓片。

3 用袋子妥善包覆，冷藏鬆弛 10 分鐘。

4 圓片兩面沾手粉。

5 擀成長 18 公分橢圓片。

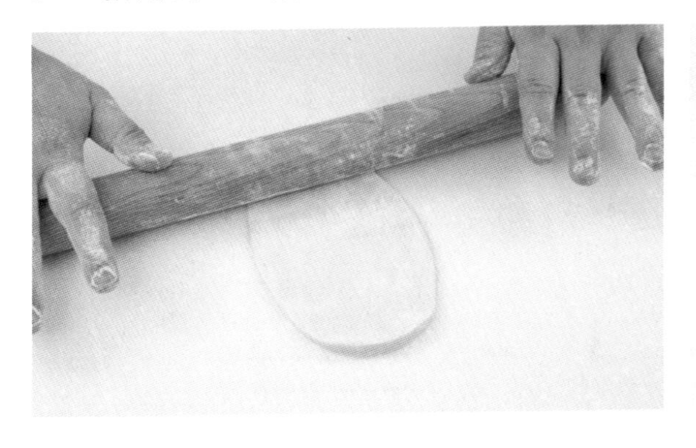

6 放入拿破崙模中。

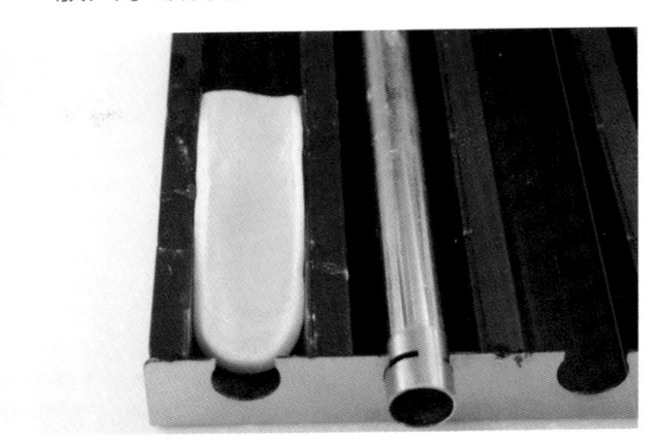

7 仔細調整位置後，把正中心鋼管插入。

8 **烘烤**：送入預熱好的烤箱，以上下火 170°C，烘烤 40 ~ 45 分鐘。

Tips! 拿破崙酥出爐放涼，接下來的烤後裝飾可參考 PRODUCT.51 ~ 58 製作。

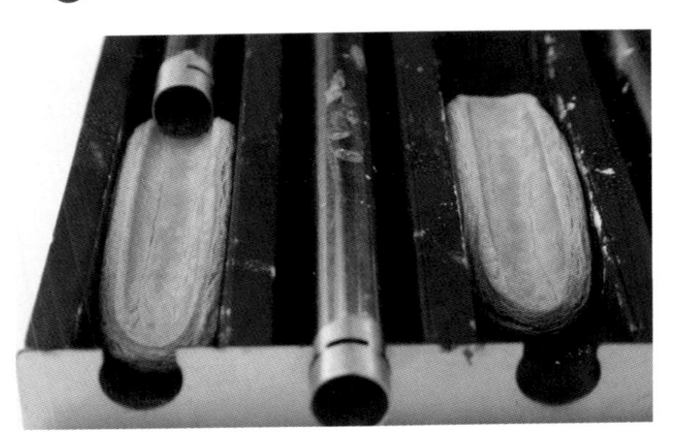

青醬培根拿破崙酥

材料

風乾番茄	公克
小番茄	200
初榨橄欖油	適量

風乾菠菜片	公克
新鮮菠菜段	適量
橄欖油	適量

作法

1 參考 P.126 ~ 127 製作拿破崙酥。

2 **厚切培根**：厚切培根切小段，平底鍋中火煎熟。

3 **風乾番茄**：烤箱預熱 170°C，烤盤平鋪切半小番茄，淋上初榨橄欖油，先烘烤 10 分鐘，再依照自己喜歡的風乾程度延長，或者停止時間。備用。

4 **風乾菠菜片**：烤箱預熱 160°C，將新鮮菠菜段淋上橄欖油，烘烤約 8 分鐘直至葉片酥脆，備用。

5 **乾煎乳酪片**：乳酪絲取一小搓，放入平底鍋中煎融，放涼即成片。

6 **部件組合**：市售青醬擠 25 ~ 30g 在拿破崙酥上，將 40 ~ 50g 煎熟厚切培根、15g 烤熟核桃交錯擺上拿破崙酥。

7 刨拋上一點點帕瑪森乳酪，把風乾菠菜片撕小片，與 4 ~ 5 瓣風乾番茄交錯擺飾，完成。

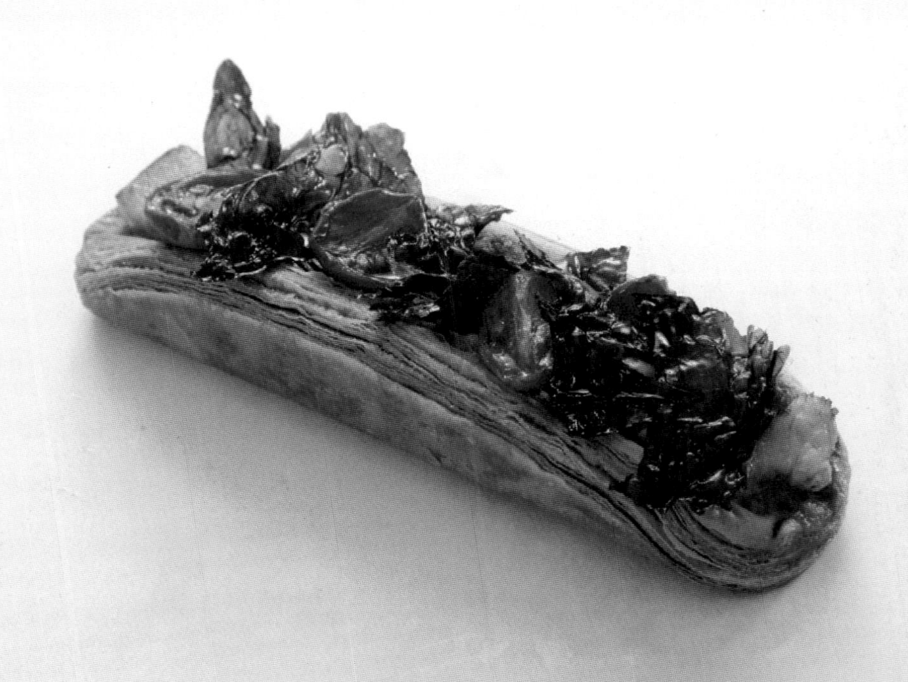

起司脆腸拿破崙酥

材料	公克
煎融乳酪片	適量
乳酪絲	適量
德式脆腸	適量

作法

1. 參考 P.126 ~ 127 製作拿破崙酥。
2. 乳酪絲取一小搓，放入平底鍋中煎融，鏟起放涼。
3. 德式脆腸先以平底鍋煎熟。
4. 拿破崙酥依序鋪德式脆腸、乳酪絲，送入烤箱烤至乳酪絲融化。
5. 雙手戴上手套出爐，鋪上作法 2 的煎融乳酪片，完成~

白醬燻雞拿破崙酥

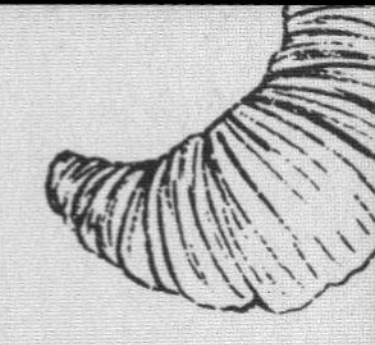

作 法

1 參考 P.126 ~ 127 製作拿破崙酥。

2 取 4 顆蘑菇切薄片，以預熱好 170°C 的烤箱烤熟，烤至薄脆。

3 在拿破崙酥擠 20g 白醬，鋪 30 ~ 35g 燻雞與蘑菇片。

4 刨上適量的帕瑪森乳酪，裝飾開心果，最後淋上初榨橄欖油完成。

燻鮭洋梨拿破崙酥

作法

1 參考 P.126 ~ 127 製作拿破崙酥。

2 培根切薄片，用平底鍋煎熟（煎至顏色偏深），盛起備用。

3 依序鋪上煙燻鮭魚片、作法 2 乾煎培根片、開心果、新鮮百里香段。

酸菜爐烤豬拿破崙酥

作法

1. 參考 P.126 ~ 127 製作拿破崙酥。
2. 取整顆蘑菇洗乾淨後刻花，淋上橄欖油以 180°C 預熱好的烤箱烤熟，備用。
3. 在拿破崙酥擠 20g 白醬，擺上 50g 爐烤豬肉片（P.58）。
4. 將 30g 銘珍酸菜餡擺在豬肉上，立體擺飾；放上烤熟的刻花蘑菇。
5. 刨適量帕瑪森乳酪，淋上初榨橄欖油，完成。

紅豆奶油拿破崙酥

材料

鹽之花焦糖奶油醬	公克
細砂糖	125
動物性鮮奶油	125
發酵奶油	78
鹽之花	1

作法

1 **鹽之花焦糖奶油醬**：有柄厚鋼鍋加入細砂糖，中火乾燒焦糖讓它焦化。煮的過程可以用長柄刮刀刮過鍋底，輔助焦糖融化。煮到呈現焦糖、咖啡色澤（煮的顏色深淺，會影響成品顏色與口味，顏色淺較甜；顏色深則帶有微苦的風味）。

2 分三次慢慢下動物性鮮奶油，邊下邊拌勻。第三次下動物性鮮奶油時邊拌邊下鹽之花、發酵奶油，轉中火慢慢煮滾。

3 煮滾後倒入篩網中過篩，讓質地更細緻。放涼即可使用。用保鮮膜封起盆子冷藏，可保存一週哦～

4 **部件組合**：參考 P.126 ～ 127 製作拿破崙酥。

5 中心抹入適量的卡士達紅豆餡（P.103）。

6 擠花袋套入花嘴 SN7241，裝入完成的北海道煉乳奶油（P.37），擠上拿破崙酥。

7 在蜿蜒處擠上數點鹽之花焦糖奶油醬，點綴撒開心果，完成。

蒙布朗拿破崙酥

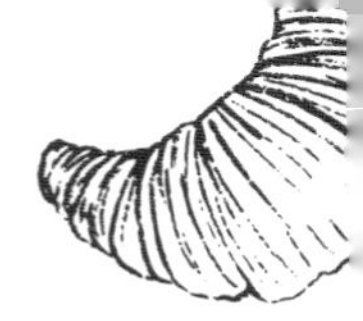

鹽之花焦糖奶油醬

材料	公克
細砂糖	125
動物性鮮奶油	125
發酵奶油	78
鹽之花	1

作法

1 有柄厚鋼鍋加入細砂糖，中火乾燒焦糖讓它焦化。煮的過程可以用長柄刮刀刮過鍋底，輔助焦糖融化。煮到呈現焦糖、咖啡色澤（煮的顏色深淺，會影響成品顏色與口味，顏色淺較甜；顏色深則帶有微苦的風味）。

2 分三次慢慢下動物性鮮奶油，邊下邊拌勻。第三次下動物性鮮奶油時邊拌邊下鹽之花、發酵奶油，轉中火慢慢煮滾。

3 煮滾後倒入篩網中過篩，讓質地更細緻。放涼即可使用。用保鮮膜封起盆子冷藏，可保存一週哦～

蒙布朗奶油餡

材料	公克
軟化無鹽奶油	100
有糖栗子醬	400
蘭姆酒	10
動物性鮮奶油	50 ～ 60

作法

1 全部材料攪拌均勻即可。

Tips! 根據軟硬度調整加入的動物性鮮奶量，建議第一次加入 50g 拌勻，觀察軟硬度，有需要軟一些再少量補。軟硬度判斷依據是「好擠花的軟硬度」，不能太乾硬。

作法

1 參考 P.126 ～ 127 製作拿破崙酥。

2 拿破崙酥底部各擠一條鹽之花焦糖奶油醬、堅果榛果帕林內（P.45）。

3 擠花袋套入星形花嘴（任意的星形花嘴皆可），裝入完成的蒙布朗奶油餡，擠上拿破崙酥，完成。

水果拿破崙酥

卡士達醬

材料	公克
卡士達粉	100
動物性鮮奶油	200
鮮奶	180

作法

1 卡士達粉預先過篩（避免後續拌勻結粒）。

2 攪拌缸放入所有材料，低速拌勻即完成。

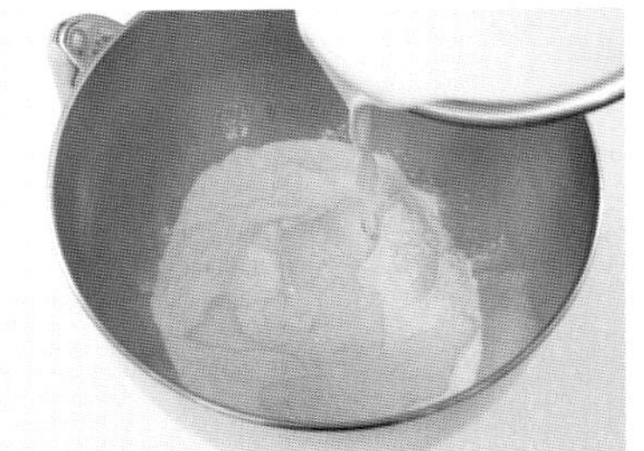

作法

1 參考 P.126 ~ 127 製作拿破崙酥。

2 擠花袋套入花嘴 SN7033，裝入完成的卡士達醬，在中心擠一個長條。

3 擠花袋套入圓形花嘴，裝入完成的北海道煉乳奶油（P.37），擠水滴狀。

4 撒適量開心果碎，點綴新鮮草莓瓣。

千層捲心酥

製作工序

- 參考作法整形
- 毋須最後發酵
- 上火 180°C / 下火 160°C 烤 45 ～ 50 分。烤至 25 分鐘時抽掉壓管
- 參考作法裝飾

作 法

1 **整形**：模具噴上烤盤油（輔助脫模）。參考 P.120 ～ 121 製作至作法 7，冷藏鬆弛後的麵團可直接操作，取出擀成長 31 × 寬 20 公分，準備直徑 10 公分的圓模，壓出圓片。

2 用袋子妥善包覆，冷藏鬆弛 10 分鐘。

3 麵團兩面沾手粉，擀成長 12 × 寬 11 公分橢圓片，中間放一根鋼管模具捲起，再放入另一個模具中。

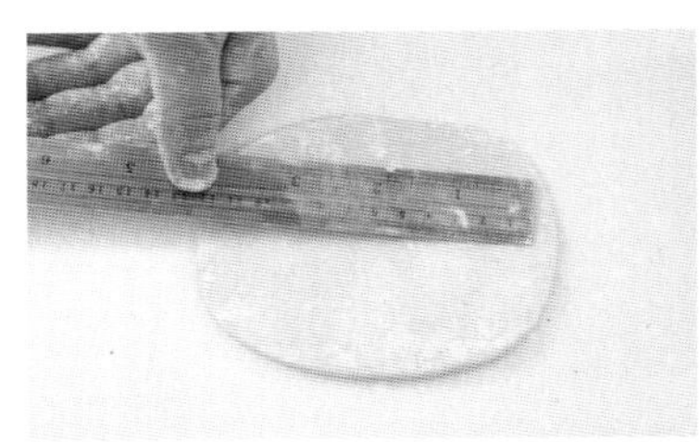

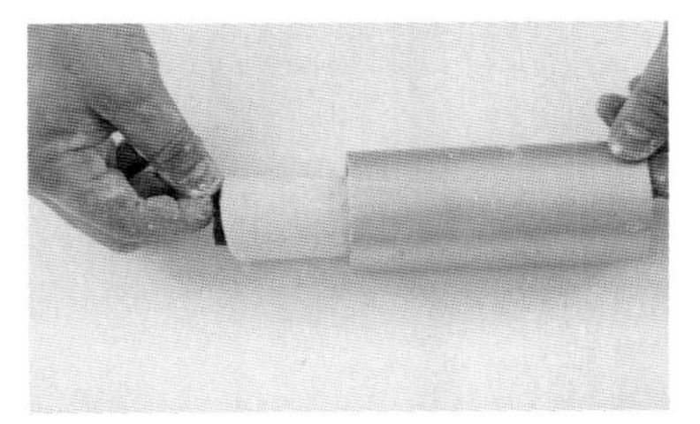

4 **烘烤**：送入預熱好的烤箱，以上火 180°C / 下火 160°C，烘烤 45 ～ 50 分鐘（烤至 25 分鐘時抽掉中心壓管），出爐放涼脫模。

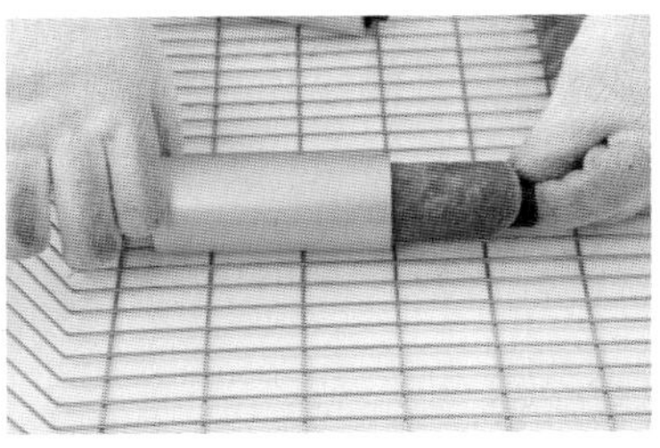
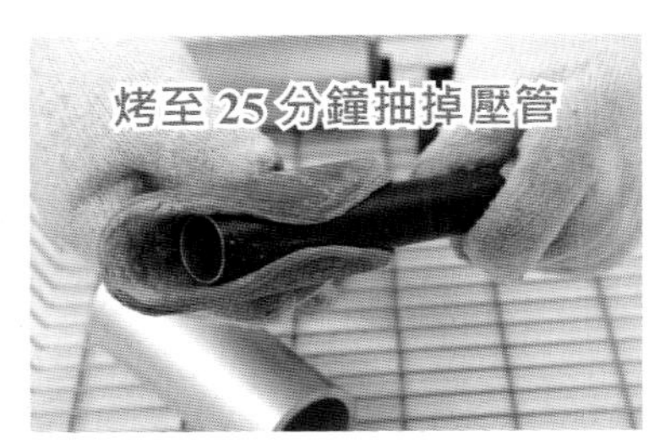

5 中心擠適量卡士達醬（P.39），頭尾沾烤熟杏仁角；擠花袋套入花嘴 SN7033，裝入完成的北海道煉乳奶油（P.37），在表面擠一個長條，撒乾燥草莓粒、開心果碎完成。

國王捲捲酥

製作工序

- 參考作法整形
- 毋須最後發酵
- 上火 200°C / 下火 170°C，烘烤 35 ~ 40 分
- 參考作法裝飾

作 法

1 **整形**：模具噴上烤盤油（輔助脫模）。參考 P.120 ~ 121 製作至作法 7，冷藏鬆弛後的麵團可直接操作，取出擀成長 35 × 寬 30 公分，修掉不工整的邊；計量 3 公分寬，整片對摺（留些許不遮住），沿著記號裁切 3 公分寬成寬條狀（第一次計量是為了對齊）。把麵條稍微拉長到 45 公分，用袋子妥善包覆，冷藏鬆弛 10 分鐘。

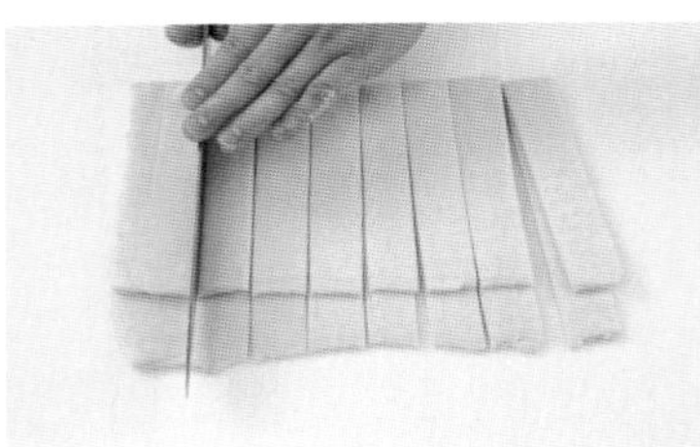
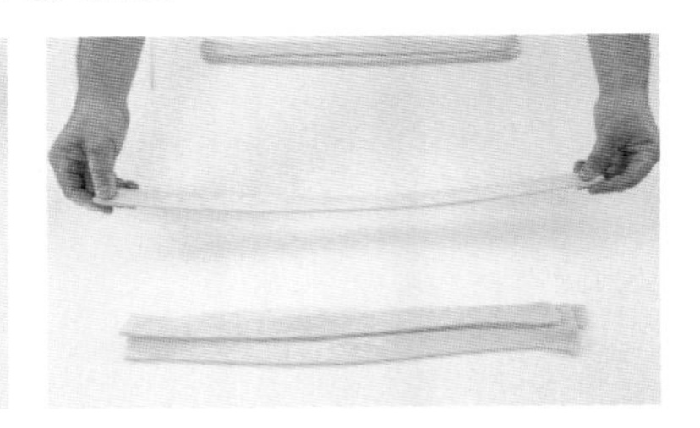

2 模具用烤盤布捲起（輔助脫模），把鬆弛好的麵條繞捲上去，麵條頭尾要在同一側（手指處）。

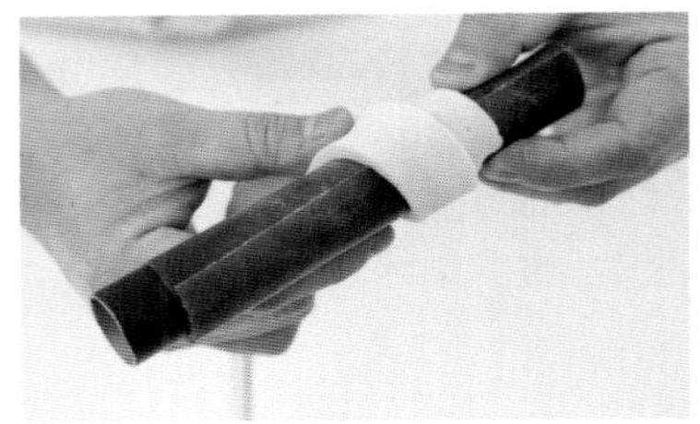
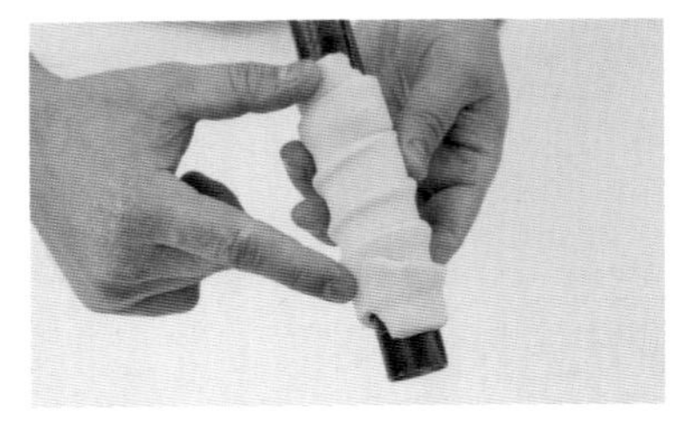

3 表面噴一層薄薄的清水，沾裹細砂糖，麵條頭尾那一側貼著不沾烤盤放置。

4 **烘烤**：送入預熱好的烤箱，以上火 200°C / 下火 170°C，烘烤 35 ~ 40 分鐘，出爐放涼脫模。

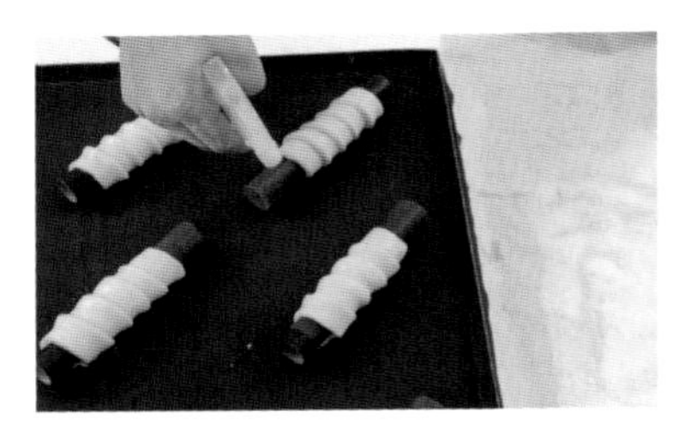

5 **烤後裝飾**：中心灌 120g 卡士達醬（P.39），頭尾沾烤過的杏仁角，完成~

鹹豬肉酥皮

製作工序

- 參考作法整形
- 毋須最後發酵
- 上火 180°C / 下火 160°C，烘烤 45 ~ 50 分

作法

1 **鹹豬肉蒜苗餡**：鹹豬肉（適量）切片，與蒜苗片（少許）爆炒炒熟，盛起放涼備用。

2 **整形**：參考 P.120 ~ 121 製作至作法 7，冷藏鬆弛後的麵團可直接操作，參考 P.99 木紋貼皮作法 2 ~ 3 將貼皮製作完畢、冷凍鬆弛。

3 取出冷凍鬆弛好的麵團，兩面撒適量手粉，擀成長 20 × 寬 30 公分，用袋子妥善包覆，紋路朝上冷藏 10 分鐘。

4 再次擀長 60 × 寬 30 公分，有紋路面朝下、底部朝上，刷一層薄薄的清水，鋪上適量的鹹豬肉蒜苗餡，撒少許粗黑胡椒粒，上下兩端朝中心摺起，四邊都妥善收口。

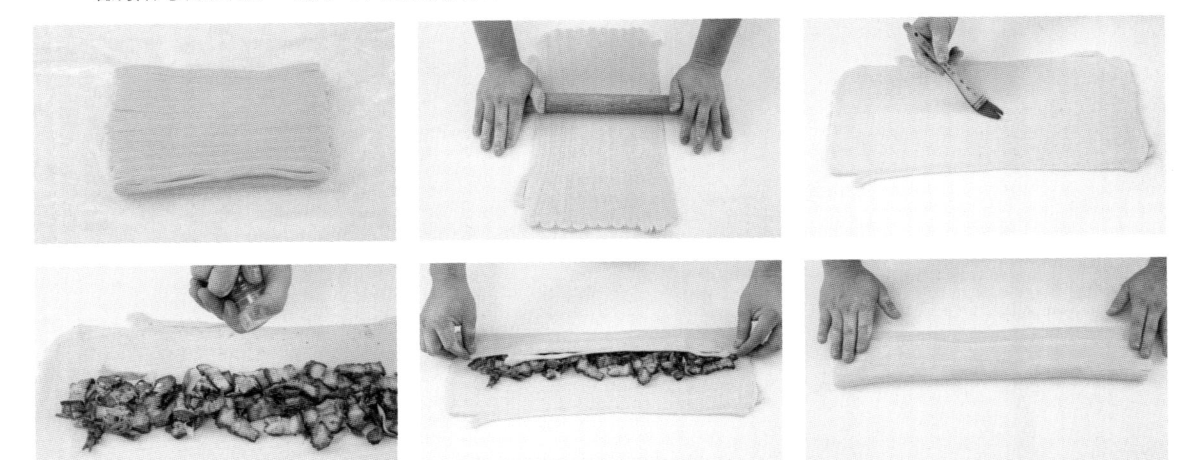

5 翻面，分切 6 等份，收口面朝下，間距相等排入不沾烤盤。

6 **烘烤**：送入預熱好的烤箱，以上火 180°C / 下火 160°C，烘烤 45 ~ 50 分鐘。

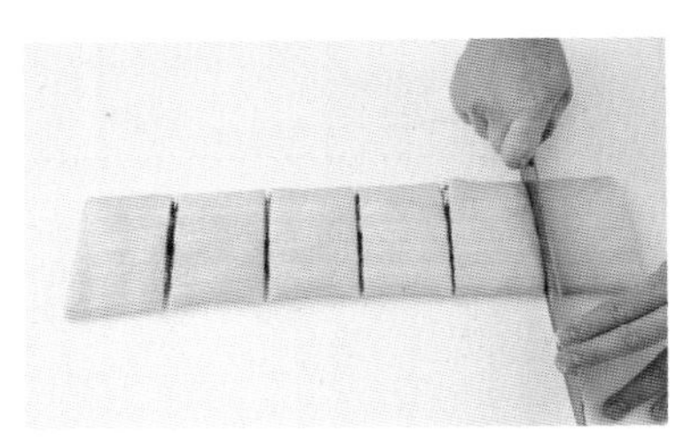

奶油肉鬆千層夾心

製作工序

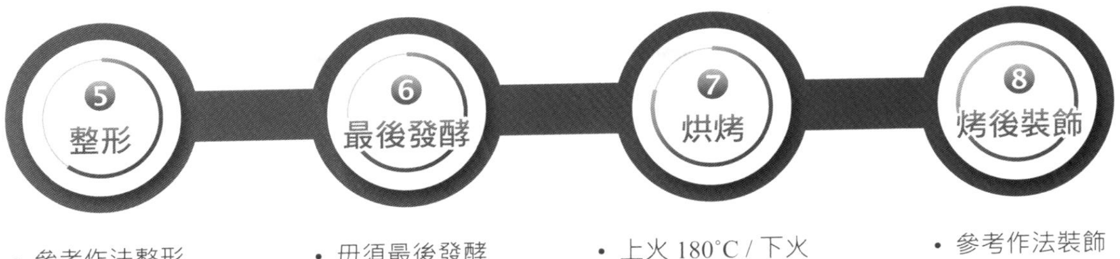

- 參考作法整形
- 毋須最後發酵
- 上火 180°C / 下火 160°C，烘烤 45 ~ 50 分，烤至 30 分鐘時取下烤盤
- 參考作法裝飾

作法

1 **整形**：參考 P.120 ~ 121 製作至作法 7，冷藏鬆弛後的麵團可直接操作，擀成長 44 × 寬 30 公分，放上不沾烤盤，整張皮用叉子均勻地戳洞，放上一張烤焙紙。

★戳洞是為了降低膨脹力道，讓派皮排氣。

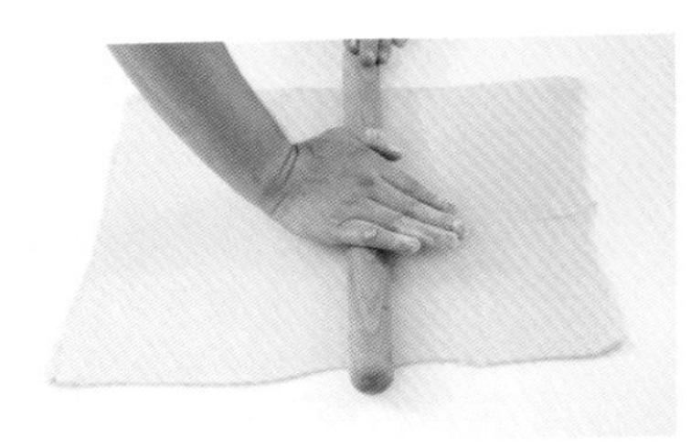

2 **烘烤**：壓上烤盤，送入預熱好的烤箱，以上火 180°C / 下火 160°C，烘烤 45 ~ 50 分鐘（烤至 30 分鐘時取下烤盤）。

★對麵團平整地施加壓力（覆蓋烤盤），可以限制千層麵團烘烤後的高度，沒有蓋烤盤烘烤出的千層皮不會是平面，會呈現猶如枕頭般的形狀。

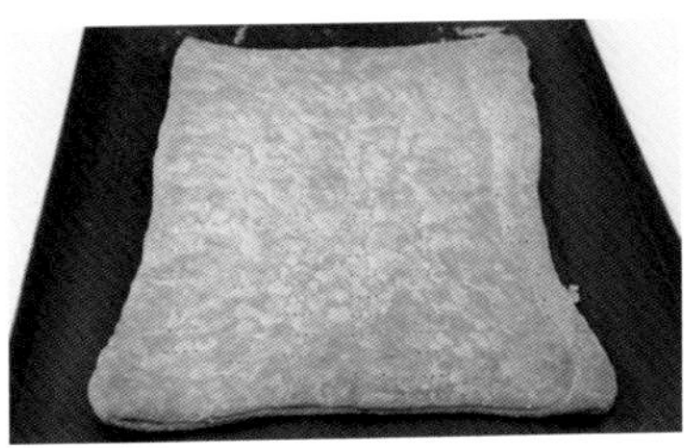

3 雙手戴上手套出爐，千層皮要趁還有熱度時裁切（放涼再切會碎），先修去四邊不平整的邊緣，裁切長 12 × 寬 6 公分長方片。

4 **烤後裝飾**：擠花袋裝入完成的北海道煉乳奶油（P.37），取一張千層皮做底擠數條，再鋪適量肉鬆，蓋上另一張千層皮完成。

柳川や！國王派

杏仁奶油餡

材料

麵團	公克
無鹽奶油（常溫）	250
糖粉（過篩）	250
全蛋（常溫）	200
杏仁粉	250
蘭姆酒	25

作法

1 攪拌缸加入無鹽奶油、過篩糖粉，低速攪拌 1 分鐘，拌勻至看不見糖粉即可（不可打發）。轉中速，分次慢慢加入全蛋，每次都等到蛋液差不多吸收後再加下一次；待蛋液全數攪拌均勻後，加入杏仁粉。

2 低速攪拌至無粉狀，加入蘭姆酒，低速攪拌均勻即完成。

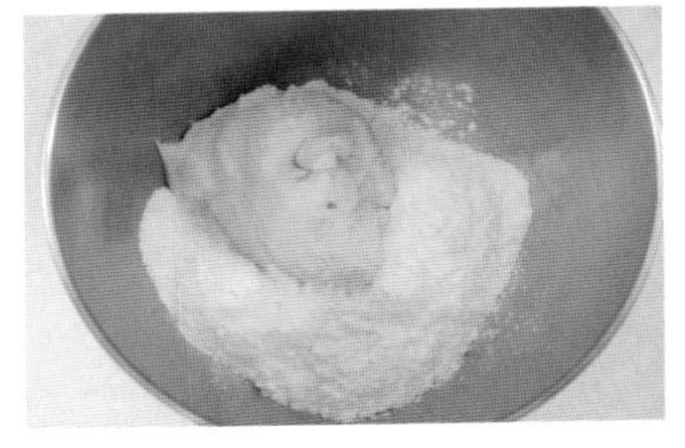
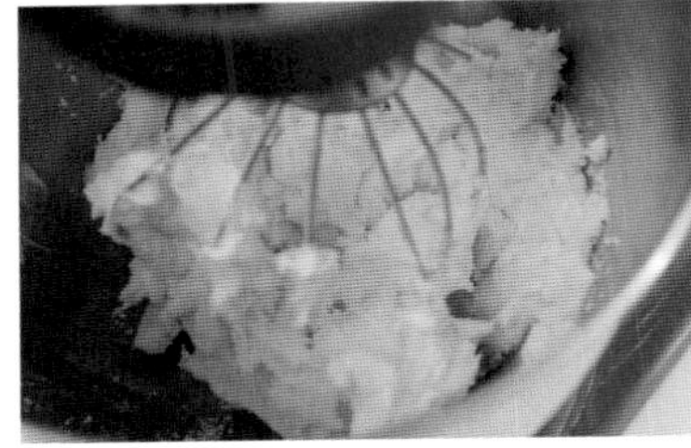
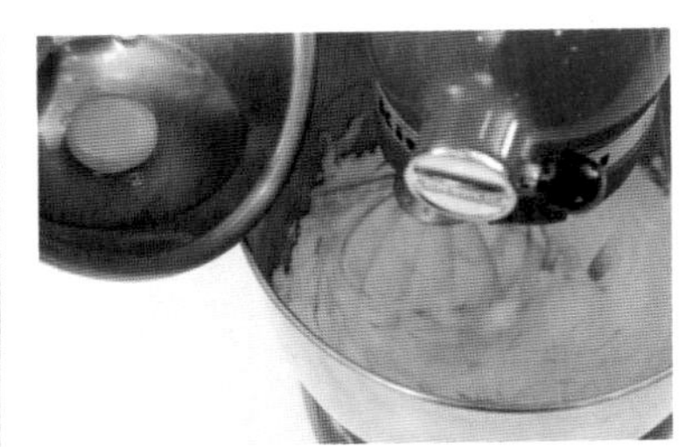
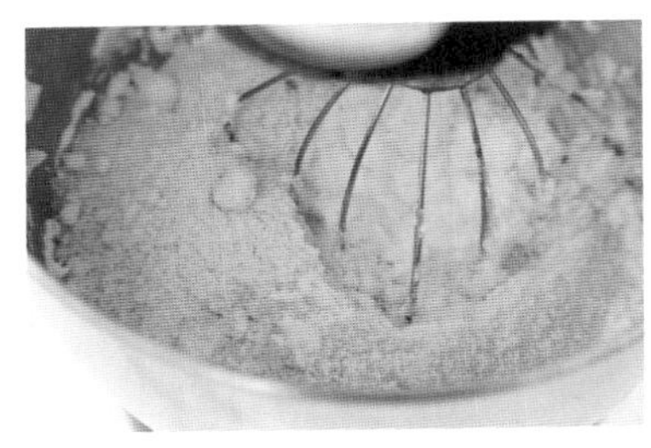

3 訂製國王派模上方鋪一張保鮮膜，擠 120g 杏仁奶油餡，闔起，手掌輕輕拍成直徑 9 公分圓餅狀，冷凍定型。

★訂製國王派模可以讓製作速度更快，沒有也沒關係，整形成直徑 9 公分的圓餅狀即可。

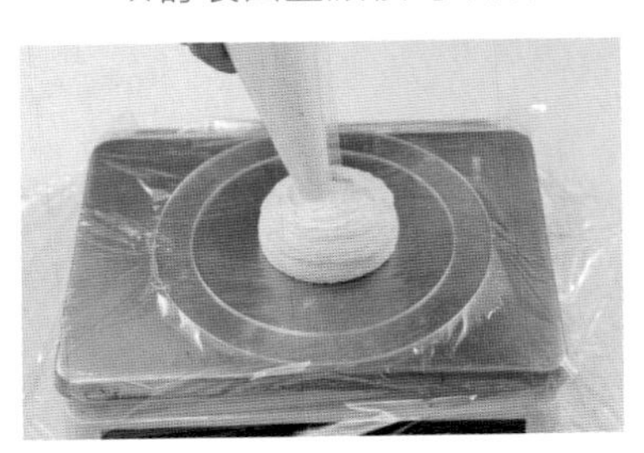

材料

麵團	公克
日系法國麵粉	700
無鹽奶油（大丁／冷藏奶油）	230
鹽	18
冰水	300

裹入油	公克
片狀無鹽奶油丁（冷藏）	750
日系法國麵粉	300
新鮮香草莢	1 條

作法

1. **裹入油**:新鮮香草莢剖開取籽(只使用香草莢籽),將裹入油所有材料拌勻,裝入袋子中,擀成長 26 × 寬 18 公分片狀,冷藏備用。
2. **麵團**：乾淨攪拌缸加入麵團所有食材,槳狀攪拌器慢速 3 分鐘,攪打成團即可,不需有筋性。
3. **分割**：用切麵刀分割 400g,底部鋪一張塑膠袋,四邊留一點空間妥善包覆,用擀麵棍輕壓,四邊推整,再擀長 16 × 寬 13 公分,冷藏 30 分鐘（最多可冷藏三天）。
4. 取出冷藏後的麵團直接操作,擀成長 18 × 寬 12 公分。
5. **裹油**：取處理好的裹入油鋪底,中心放上麵團,奶油左右朝中心摺起,擀麵棍輕壓,讓奶油與麵團更貼合一點。
6. **摺疊三摺四**：擀成長度 40 ～ 45 公分,兩端取各 1/3 朝中心摺疊,冷藏 30 分鐘（此步驟重複四次,即為三摺四）。
7. **整形**：取出冷藏的麵團,兩面撒適量手粉,擀開成長寬 30 公分,切四等份,修掉不工整的邊；再次擀長寬 15 公分正方片,用袋子妥善包覆,冷藏鬆弛 10 分鐘。
8. 取出冷藏的麵團,兩面撒適量手粉,擀開成長寬 19 公分正方片狀。
9. 取兩張皮刷水,一張中心放上冷凍後的杏仁奶油餡；另一張皮的刷水面覆蓋餡料,雙手按壓輕輕排出空氣。放上訂製國王派模（直徑大約 17 公分）,小刀順著外圍切割,用袋子妥善包覆,冷藏鬆弛 10 分鐘。

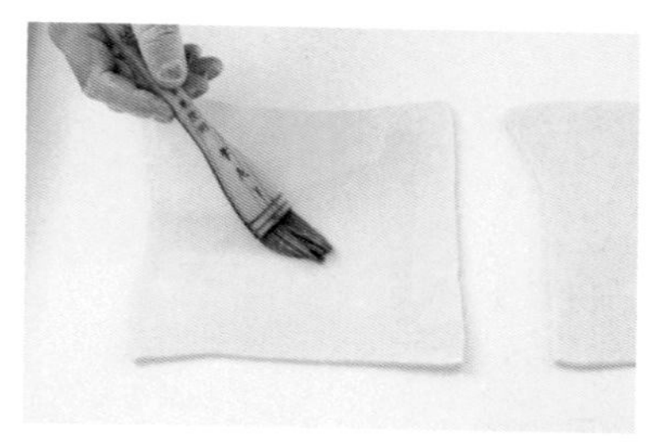
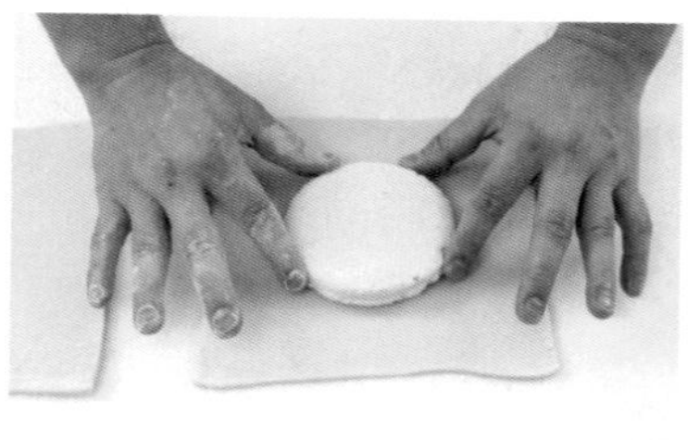
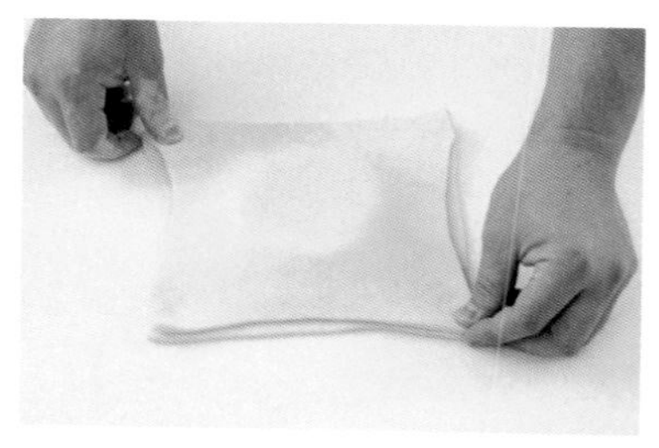

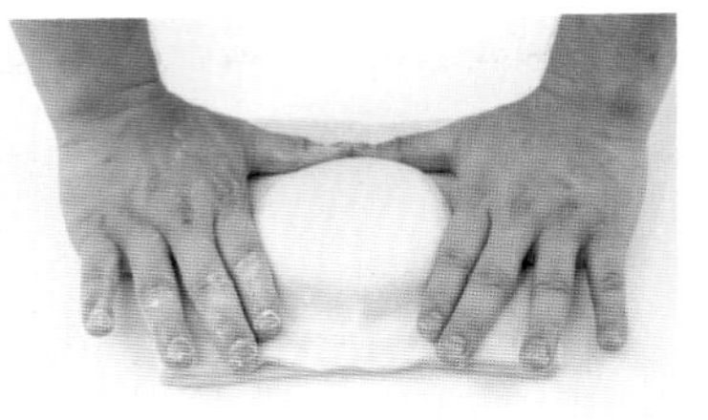
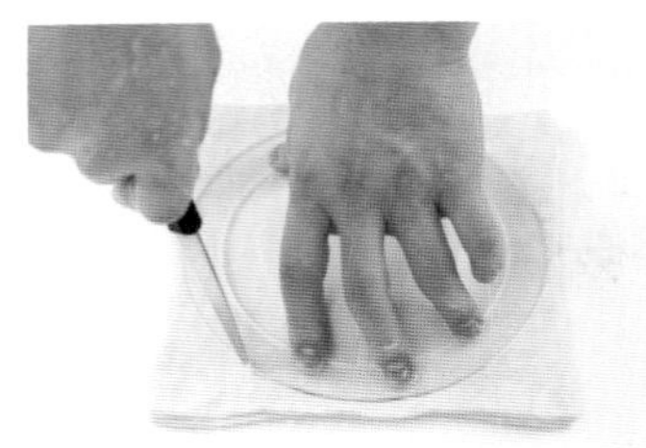

10 麵團翻面，表面放上訂製國王派洞洞模戳洞（模具是為了輔助稍後的劃線定位，若無模具，在中心處戳一個洞即可），塗上表面蛋液，冷藏 10 分鐘，讓表面的蛋液稍微風乾。

★表面蛋液：蛋黃 90g、動物性鮮奶油 6g，拌勻即可使用。

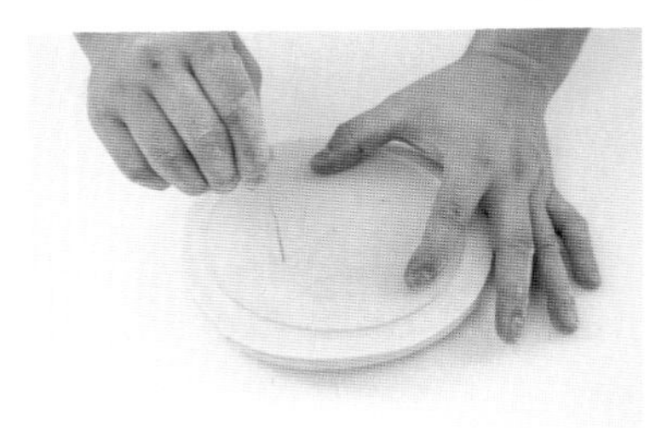
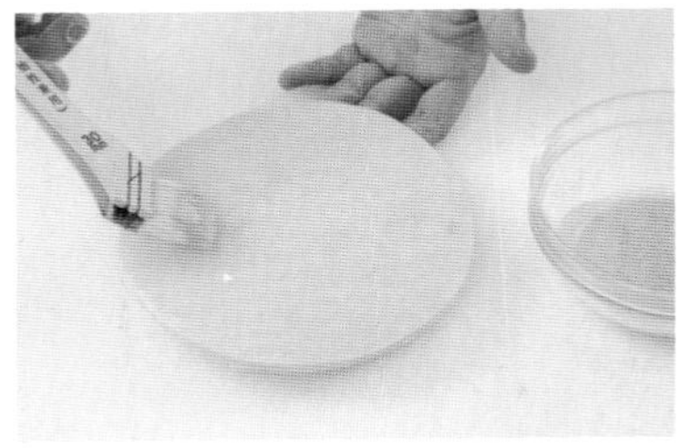

11 根據戳洞的定位點，用蛋糕轉盤搭配小刀，邊轉邊切割國王派，劃出放射狀太陽造型。

12 **烘烤**：送入預熱好的烤箱，以上下火 190°C，裸烤 12 ~ 15 分鐘；時間到蓋烤焙紙，壓一張烤盤再烤 30 分鐘；取下烤盤刷適量蜂蜜，再烤 3 ~ 5 分鐘。

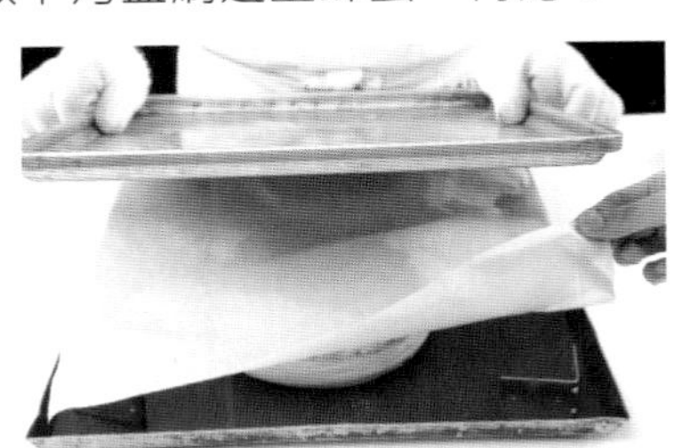

Quich 系列鹹派

•

Basic！經典鹹派配方

•

堅果系列甜派

南瓜雞蛋沙拉鹹派

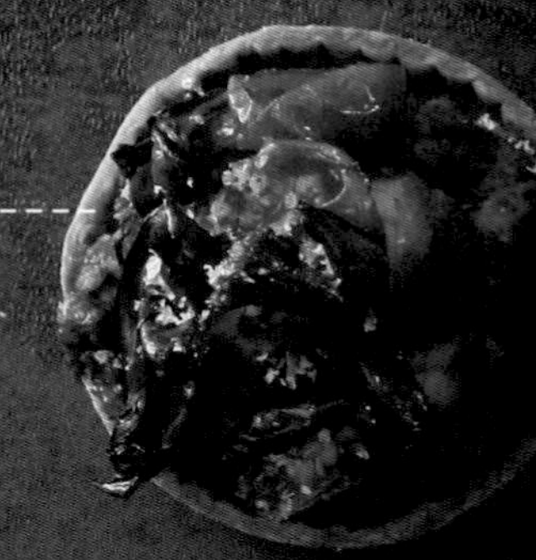

菌菇炸雞鹹派

味噌玉米鹹派

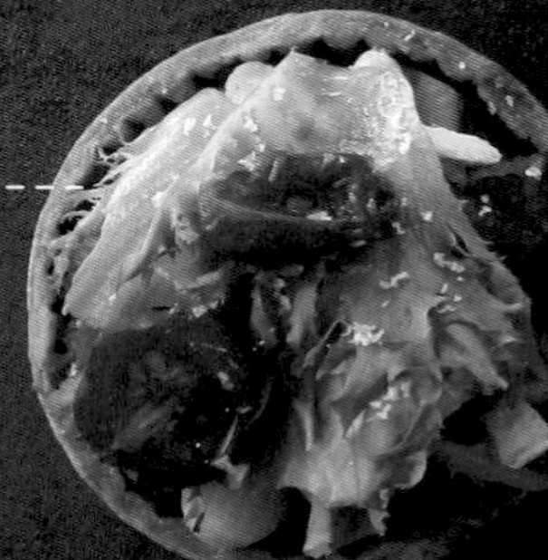

日式咖哩豬排鹹派

臺灣鹹酥雞鹹派

雞蛋沙拉鹹派

PRODUCT
71
青醬牛排鹹派
PRODUCT
70
酒漬洋梨燻鮭魚
PRODUCT
72
極致爐烤豬肉鹹派
PRODUCT
73
酪梨燻鮭花朵鹹派
PRODUCT
74
洋蔥脆培根乳酪鹹派

經典鹹派配方

材料

	材料	公克
A	法國麵包粉	500
	鹽	10
	細砂糖	10
	發酵奶油	280
B	蛋黃	25
	蘭姆酒	20
C	脫脂鮮奶	90

作法

1 **攪拌**：攪拌缸加入材料 A，用槳狀攪拌器慢速攪拌 1 分鐘。加入材料 B 低速攪拌 1 ~ 2 分鐘，邊攪拌邊沿著邊邊下脫脂鮮奶，攪打不能成團，材料細碎的時候便可倒到桌面上。

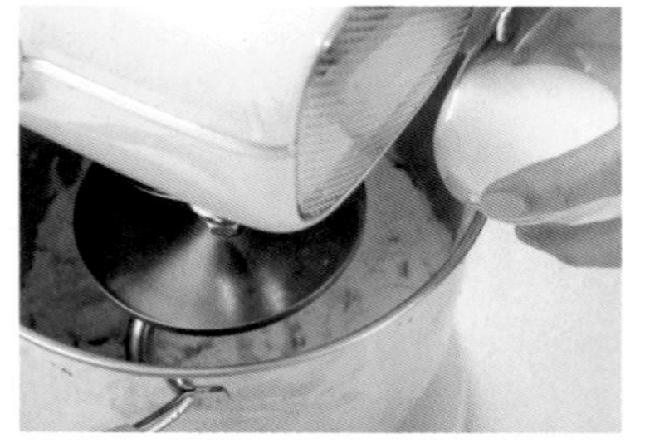

2 用硬刮板把材列切細碎（將奶油塊切碎），再一手輕壓材料，一手用刮刀收整，反覆疊到材料略微成團。用袋子妥善包覆，冷藏 30 分鐘。

3　**摺疊**：表面撒適量手粉，用擀麵棍擀成厚度 1 公分，兩端取 1/3 向內摺疊，均等輕壓讓麵團稍微貼合一些（此為三摺一）。

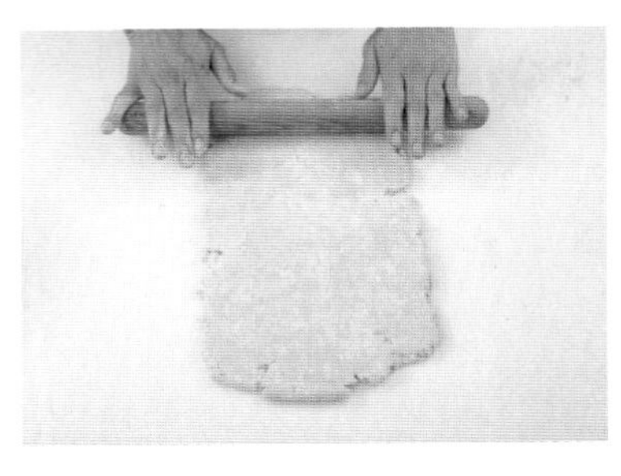

4　表面撒適量手粉，用擀麵棍擀成厚度 1 公分，兩端取 1/3 向內摺疊，均等輕壓讓麵團稍微貼合一些（此為三摺二）。重複一次三摺作法，共三摺三次，用擀麵棍壓數下讓厚度薄一點，以袋子妥善包覆四邊，冷藏 2 小時（也可冷藏至隔夜操作）。

★三摺三全程麵團質地會呈現破碎、鬆散的狀態，若成團，其實代表麵團的筋度過度了。

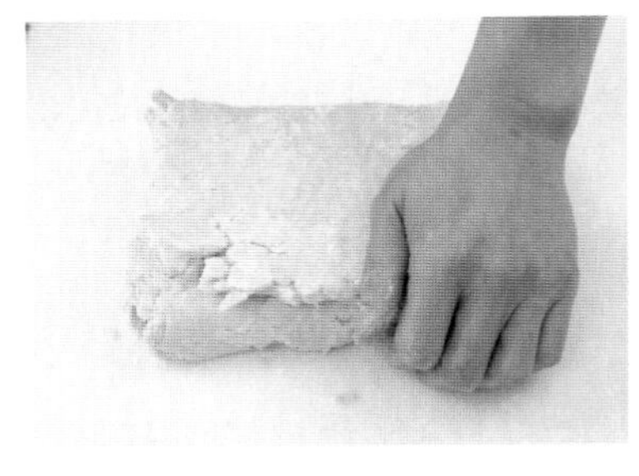

5　**分割入模**：麵團分割共有四個規格，分別為 ❶ 直徑 7 公分圓模 35g；❷ 直徑 8 公分圓模 40g；❸ 直徑 9 公分圓模 45g；❹ 直徑 15 公分圓模 150g。麵團分別捏入模具，鋪一張烤焙紙，壓重石。

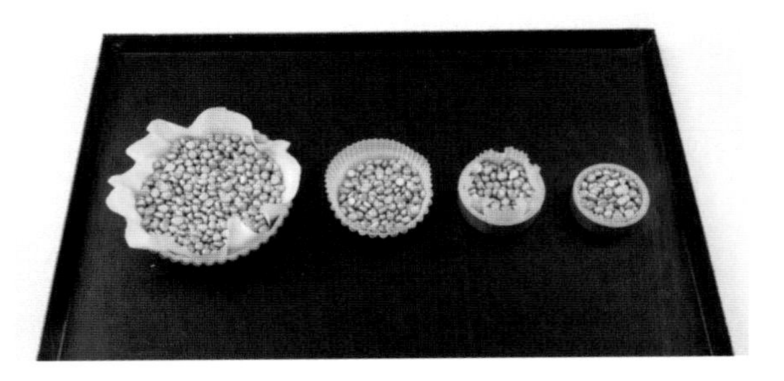

6　**烘烤**：送入預熱好的烤箱，以上下火 200°C，烘烤 20 ~ 25 分鐘。雙手戴上手套，把重石取出，再次回烤 5 ~ 10 分鐘，烤至派皮上色即完成。

臺灣鹹酥雞鹹派

作法

1 **派殼**：使用直徑 7 公分圓模。

2 **組合**：將 100g 雞胸肉切成 1.5-2 公分大丁。

3 鹽巴 0.5g、白胡椒粉 0.3g、飲用水 20 毫升、米酒 10g 與雞胸肉醃製。

4 加入適量香油與太白粉一同醃製，冷藏 40 分鐘以上為佳。

5 油鍋溫度 180°C，醃製好的雞胸裹上適量細的地瓜粉，即可油炸。

6 烤箱預熱 180°C，蛋奶醬 15g 填入空鹹派殼中，烤約 8 分鐘至蛋奶醬全熟。

7 炸好的雞塊以白胡椒粉、鹽再次調味。

8 將調味好的鹹酥雞放入步驟作法 6 的鹹派裡，再以白醬、烤脆的九層塔裝飾完成。

日式咖哩豬排鹹派

作法

1 **派殼**：使用直徑 7 公分圓模。

2 **組合**：豬大里肌 100g 用刀背拍鬆兩面，以鹽、白胡椒調味。

3 雞蛋 1 顆打散備用。

4 醃製好的豬大里肌片先兩面沾低筋麵粉，再沾蛋液、麵包粉。

5 烤箱預熱 180°C，15g 蛋奶醬填入空鹹派殼中，烤約 8 分鐘至蛋奶醬全熟。

6 醃製好的豬排以 180°C 油溫炸熟。

7 日式咖哩塊 5g 切碎，與適量飲用水小火化開。

8 炸熟的豬排切塊狀與化開的咖哩醬拌均勻。

9 咖哩豬排放入烤熟的塔殼中，以新鮮生菜、風乾番茄裝飾即可。

味噌玉米鹹派

作法

1. **派殼**：使用直徑 7 公分圓模。
2. **組合**：烤箱預熱 180°C，蛋奶醬 15g 填入空鹹派殼中，烤約 8 分鐘至蛋奶醬全熟。
3. 味噌 3g、適量的飲用水與白胡椒粉化開，再與熟玉米粒 20g 攪拌均勻（可依照個人口味調整鹹淡）。
4. 將味噌玉米粒填入作法 2 的鹹派中。
5. 杏仁切小塊，與南瓜籽一起裝飾在味噌玉米上方。
6. 刨一點點帕瑪森乳酪即可完成。

雞蛋沙拉鹹派

作法

1. **派殼**：使用直徑 7 公分圓模。
2. **組合**：美乃滋 80g、細砂糖 5g、鹽巴 0.5g 均勻拌好後加入兩顆切碎的水煮蛋、適量熟胡蘿蔔小丁拌勻。
3. 將雞蛋沙拉填入鹹派殼中，以熟培根片裝飾即可。

南瓜雞蛋沙拉鹹派

作法

1. **派殼**：使用直徑 7 公分圓模。
2. **組合**：南瓜 300g 去皮切塊蒸熟，壓成泥備用；兩顆水煮蛋切小碎塊。
3. 水煮蛋與南瓜泥、美乃滋 20g 拌合，依照個人喜好以鹽巴與白胡椒調味。
4. 南瓜雞蛋沙拉填入鹹派殼中，以熟培根片裝飾即可。

菌菇炸雞鹹派

作法

1. **派殼**：使用直徑 7 公分圓模。烤箱預熱 180°C，蛋奶醬 15g 填入空鹹派殼中，烤約 8 分鐘至蛋奶醬全熟。
2. **組合**：100g 雞胸肉 100 切成 1.5 ~ 2 公分大丁。鹽 0.5g、白胡椒粉 0.3g、飲用水 20 毫升、米酒 10g 與雞胸肉抓勻醃製；加入適量香油與太白粉一同醃製，冷藏 40 分鐘以上為佳。
3. 油鍋溫度 180°C，醃製好的雞胸裹上細的地瓜粉，即可油炸。
4. 把適量的野菇炒乾備用；將炸好的炸雞塊放入作法 1 的鹹派裡，再裝飾炒熟的野菇、風乾番茄，完成。

酒漬洋梨燻鮭魚鹹派

作法

1. **派殼**：使用直徑 8 公分圓模。烤箱預熱 180°C，蛋奶醬 15g 填入空鹹派殼中，烤約 8 分鐘至蛋奶醬全熟。
2. **組合**：取一片煙燻鮭魚捲成小花朵形狀，備用。
3. 將洋梨與半片煙燻鮭魚切小塊，與花朵形狀煙燻鮭魚一起放入烤熟鹹派中。
4. 帕瑪森刨成粉，在不沾鍋中平鋪，以中火煎成帕瑪森乳酪脆片，裝飾於鹹派上即可。

青醬牛排鹹派

作法

1. **派殼**：使用直徑 8 公分圓模。烤箱預熱 180°C，蛋奶醬 15g 填入空鹹派殼中，烤約 8 分鐘至蛋奶醬全熟。
2. **組合**：牛排 100g、適量的鹽與黑胡椒兩面醃製 5 分鐘。
3. 平底鍋以中大火加入食用油將牛排煎至七分熟，靜置備用。
4. 靜置好的牛排切薄片放入烤熟的鹹派中，以 15 ~ 20g 青醬、風乾番茄裝飾。
5. 刨適量的帕瑪森乳酪、淋上初榨橄欖油即可。

極致爐烤豬肉鹹派

作法

1 **派殼**：使用直徑 8 公分圓模。烤箱預熱 180°C，蛋奶醬 15g 填入空鹹派殼中，烤約 8 分鐘至蛋奶醬全熟。

2 **組合**：將爐烤豬肉切薄片，鋪上塔派，裝飾裝飾。

3 刨帕瑪森乳酪、淋上初榨橄欖油即可。

酪梨燻鮭花朵鹹派

作法

1 **派殼**：使用直徑 9 公分圓模。烤箱預熱 180°C，蛋奶醬 30g 填入空鹹派殼中，烤約 8 分鐘至蛋奶醬全熟。

2 **組合**：取一片煙燻鮭魚捲成小花朵形狀，備用。

3 另一片煙燻鮭魚與酪梨切薄片備用。

4 將酪梨片與小片的煙燻鮭魚在烤熟鹹派上，從外圍交錯排列入中心。

5 中心的空位處擺入小花形狀的煙燻鮭魚，完成。

洋蔥脆培根乳酪鹹派

作法

1 **派殼**：使用直徑 9 公分圓模。烤箱預熱 180°C，蛋奶醬 30g 填入空鹹派殼中，烤約 8 分鐘至蛋奶醬全熟。

2 **組合**：洋蔥片平鋪於烤盤上，稍微淋上初榨橄欖油，以 170 °C 的烤箱烤熟，備用。

3 培根切細條；在平底鍋中加入橄欖油，將培根細條炒熟，再加入洋蔥絲炒至熟透半透明，以鹽巴、黑胡椒調味。

4 把炒料、切達乳酪小丁 10g 填入烤熟的鹹派中，上頭蓋上烤熟的洋蔥片，以熟培根碎裝飾，最後刨帕瑪森乳酪即可。

酸菜豬肉堅果鹹派

作法

1. **派殼**：使用直徑 15 公分圓模。烤箱預熱 180°C，蛋奶醬 80g 填入空鹹派殼中，烤約 8 分鐘至蛋奶醬全熟。
2. **組合**：銘珍酸菜餡 60 ~ 80g 鋪在烤熟鹹派上，再擺上爐烤薄切豬肉片 100g。
3. 以適量綜合堅果、風乾菠菜葉片裝飾。
4. 刨上帕瑪森乳酪、淋初榨橄欖油即可。

松露野菇燻雞鹹派

作法

1. **派殼**：使用直徑 15 公分圓模。
2. **組合**：烤箱預熱 180°C，黑松露醬 5g 與蛋奶醬 75g 混合後填入空的鹹派殼中，烤約 8 分鐘至蛋奶醬全熟。
3. 綜合野菇 80g 切小段，炒熟炒乾之後以適量的鹽巴與白胡椒、黑松露醬 5g 調味備用。
4. 把完成的的松露野菇填入烤熟的松露鹹派中。
5. 3 顆蘑菇刻花烤熟，與風乾番茄、熟南瓜籽擺上鹹派裝飾。
6. 刨上帕瑪森乳酪、淋初榨橄欖油即可。

蔬菜青醬牛排鹹派

作法

1. **派殼**：使用直徑 15 公分圓模。
2. **組合**：牛排 100g、適量的鹽與黑胡椒兩面醃製 5 分鐘。
3. 平底鍋以中大火加入食用油將牛排煎至七分熟，靜置備用。
4. 靜置好的牛排切薄片放入烤熟的鹹派中，鋪上新鮮生菜。
5. 刨適量的帕瑪森乳酪、淋上初榨橄欖油即可。

UNSALTED
BUTTER
NO 19
19號無鹽發酵奶油
TAIWAN MADE
國產乳源使用
all produced with fresh, soft mild tasting
NATURE ORIGINAL TASTE
net wt. 500g/17.6oz
TASTE
2022
UNSALTED
BUTTER
NO 19
19號無鹽發酵奶油
TAIWAN MADE
all produced with fresh, soft mild tasting
NATURE ORIGINAL TASTE
net wt. 500g/17.6oz

蜂蜜焦糖核桃甜派

蜂蜜焦糖核桃餡

材料	公克
二砂糖	50
蜂蜜	30
無鹽奶油	30
動物性鮮奶油	40

作法

1. **派殼**：使用直徑 8 公分圓模。
2. **蜂蜜焦糖核桃餡**：全部材料一同熬煮，煮至呈濃稠金黃色。
3. **組合**：將剛煮好的餡料，取適量裝入派

楓糖森林堅果甜派

楓糖森林堅果餡

材料	公克
楓糖	50
細砂糖	30
無鹽奶油	30
動物性鮮奶油	40
杏仁果	65
開心果	65
腰果	65

作法

1. 派殼：使用直徑 8 公分圓模。
2. **楓糖森林堅果餡**：全部材料一同熬煮，煮至呈濃稠金黃色。
3. **組合**：將剛煮好的餡料，取適量裝入派殼即完成。

香草焦糖夏威夷豆甜派

香草焦糖夏威夷豆餡

材料	公克
蜂蜜	30
細砂糖	60
動物性鮮奶油	40
香草莢醬	3
夏威夷豆	200

作法

1 派殼：使用直徑 8 公分圓模。

2 **香草焦糖夏威夷豆餡**：全部材料一同熬煮，煮至呈濃稠金黃色。

3 **組合**：將剛煮好的餡料，取適量裝入派殼即完成。

香草聖多諾黑
全統西點主理人 陳星緯

•

千層甜筒酥 Cônes feuilletés：latelier de joel robuchon
侯布雄法式餐廳麵包主廚 李聖傑

•

檸檬可頌藝術
Sunriental Cafe 主廚 李宜蔚 Crystal

•

奶素可頌
玉香齋研發主廚 林哲玄

•

季節水果可頌
玉香齋研發主廚 林哲玄

•

威靈頓牛排 Beef Wellington
王俊之老師

威靈頓牛排
Beef Wellington

創作者 | 王俊之 老師

材料　　公克

菲力牛排	300
鹽巴與黑胡椒	適量
洋蔥	1/2 顆
蘑菇	150
松露醬	40
培根	4 片
國王麵團（P.120 ～ 121） 30 公分 × 30 公分	1 張

作法

1　菲力牛排以鹽巴、黑胡椒醃製，備用。

2　洋蔥切絲與蘑菇一起炒熟炒乾，以調理機打碎，備用。

3　松露醬與作法 2 的洋蔥蘑菇碎混合。

4　菲力牛排兩面煎香（內裏不熟），捲起一小部分的松露蘑菇碎，外層再以培根捲起。

5　將培根牛排捲在平底鍋中，煎至表面熟香，以保鮮膜綑起來後冷藏 20 分鐘備用。

6　取酥皮稍微擀開，擀成長寬 30 公分，塗上剩下的松露蘑菇醬，放上冷藏狀態、拆掉保鮮膜的培根牛排卷，再以酥皮捲起裹緊。

7　旋風爐預熱 200°C，達到預熱溫度後放入酥皮牛排，旋風爐烤 8 分鐘。
★層爐數據為：上下火 250°C，烘烤 5 分鐘。

8　刷一層薄薄的蛋黃液，旋風爐第二次 220°C，烘烤 5 分鐘。
★層爐數據為：多放一個烤盤，調整上下火 200°C，烘烤 8 分鐘。

9　旋風爐第三次溫度 180°C，烘烤 2 分。
★層爐數據為：第三次關火焖 1 分鐘，或者拿出來放在外面，利用讓餘溫使牛排熟成。

10　烤好的牛排需要在室溫靜置 15 ～ 20 分鐘再切。

千層甜筒酥

Cônes feuilletés : L’ Atelier de Joel Robuchon Taipei

創作者｜L′ Atelier de Joel Robuchon Taipei
侯布雄法式餐廳麵包主廚 李聖傑

裝飾小花

巧克力脆片

30g 巧克力奶餡

巧克力球

- 2021 法國萊思克盃傳統 季軍
- 2021 法國萊思克盃創意 冠軍
- 2023 法國萊思克盃 亞軍
- 2015-2024 L ′Atelier de Joel Robuchon Taipei（侯布雄法式餐廳）
- 2017-2024 LA BOUTIQUE de Joël Robuchon Taipei（侯布雄法式精品甜點）
- 2015-2024 SALON DE THE de Joël Robuchon （侯布雄法式茶點沙龍）
- 2014 Oringerie Bakery（掬園烘焙坊）
- 2013 GAKUDEN 樂田麵包屋（央廠）
- 2010-2012 花蓮理想大地渡假飯店點心坊
- 2023 義大利 Etica Academy 廚藝學校 麵包研修
- 2023 法國 Savencia 集團廚藝學校麵包與甜點研修
- 2024 韓國 Savencia Le lab Seoul 麵包研習

材料

麵團	公克	油酥	公克
T55 麵粉	1608	無鹽奶油	1714
水（0 度°C）	655	T55 麵粉	686
白酒醋	46		
鹽	46		
無鹽奶油	345		

作法

1 **麵團**：所有材料全部低速攪拌 5 分鐘，成團即可，滾圓，割十字壓扁包入袋子，冷藏一個晚上。

2 **油酥**：無鹽奶油攪軟後，加入過篩的 T55 麵粉，攪拌至無粉粒即可，包入袋子冷藏一個晚上。

3 **裹油摺疊**：將麵團裹入油酥，依序四摺一次，三摺一次，再四摺一次；每次摺入需冷藏鬆弛 30 分鐘，方可再次操作。

4 **整形**：取出冷藏後的麵團，將麵團厚度延壓至 0.1 毫米，裁切 9 × 9 公分麵皮，捲入錐型模具，送入冰箱鬆弛 1 小時後，再套入另一個錐型模子。

5 **烘烤**：送入預熱好的烤箱，以上火 180°C / 下火 180°C，烘烤 15 ～ 20 分鐘出爐。

巧克力奶醬

材料	公克
鮮奶	1000
動物性鮮奶油	200
蛋黃	180
細砂糖	180
無鹽奶油	200
玉米粉	60
70% 巧克力	380

作法

1 蛋黃、一半的細砂糖、過篩玉米粉盆中攪拌均勻。

2 鮮奶、動物性鮮奶油、剩餘的一半的細砂糖放入鍋中煮滾，倒入一半至作法 1 的盆中攪拌均勻，再回沖到本作法鍋子中邊煮邊攪拌，加熱至溫度 85°C，離火。

3 加入無鹽奶油拌均，再加入融化的 70% 巧克力，最後使用均質機均質均勻，放涼後冷藏備用。

部件組合

1 甜筒中灌入 30g 巧克力奶餡（使用韓製 16 號花嘴），以巧克力脆片圍邊。

2 中間放入巧克力球，最後再裝飾小花。

PRODUCT 83

檸檬可頌藝術

創作者｜ Sunriental Cafe 主廚 Crystal 李宜蔚 老師

義式蛋白霜

材料	公克
蛋白	100
細砂糖	200
水	40

作法

1 細砂糖、水小鍋煮至 118°C。同時蛋白在攪拌缸開始打發，當蛋白微微泛白時，倒入煮好的糖水，高速打發至蛋白霜冷卻，完成。

裝飾塔皮

材料	公克
無鹽奶油	180
糖粉	120
全蛋	62
低筋麵粉	340
杏仁粉	48
鹽	1.5

作法

1 無鹽奶油、糖粉用槳狀攪拌器攪拌均勻。
2 慢慢倒入全蛋，讓全蛋融入食材中。
3 依序加入過篩的低筋麵粉、杏仁粉，鹽拌勻。
4 將塔皮擀至 0.25 公分厚，分別壓 1.5 公分、2 公分、2.5 公分圓形模，送入預熱好的烤箱，以上火 160°C / 下火 150°C 烘烤 10 ～ 12 分鐘。

材料

可頌麵團

A	T45 麵粉	600
	T65 麵粉	400
	鹽	20
B	細砂糖	80
	新鮮酵母	46
	蜂蜜	38
	水	180
	鮮奶	300
	無鹽奶油	65
片狀裹入油		500

綠色貼皮

可頌麵團	200
綠色色粉	適量

檸檬凝乳

A	新鮮檸檬皮屑	適量
	新鮮檸檬汁	215
B	細砂糖	320
	全蛋	200
	蛋黃	70
C	無鹽奶油	400

作法

1 **可頌麵團**：所有材料下入缸裡（除了片狀裹入油），慢速 5 分鐘，中速 6 分鐘打成團，表面光滑約 8 分筋狀態。麵團終溫 24°C，室溫發酵 45 分鐘。
2 麵團放進塑膠袋中擀至厚度 1 公分，盡量保持方形。冷凍 30 分鐘再冷藏隔夜 12 小時左右。
3 **參考裹油＆摺疊**：參考 P.24 ～ 25 裹油；參考 P.26 ～ 27 四摺一加三摺一技法摺疊。
4 裹油時切下來的邊角麵團取 200g 和綠色色粉打勻做貼皮；把綠色貼皮擀至 0.2 公分。
5 在貼皮上噴少量的水，使表面有一點黏著性，覆蓋在擀好的麵團上，用延壓機延壓至厚度 0.4 公分。貼皮朝下裁切，參考 P.31 整形成造型 1 經典可頌尺寸。
6 **最後發酵**：150 分鐘，溫度 28°C / 濕度 75%。
7 **烘烤**：送入預熱好的烤箱，以下火 200°C，烘烤 20 ～ 22 分鐘。出爐後表面刷香草糖漿（P.33），再復烤 2 ～ 3 分鐘。
8 **檸檬凝乳**：材料 A 煮小滾，過濾。
9 材料 B 在一個鋼盆裹打散，攪拌均勻；加入作法 1 攪拌均勻，再倒回鍋中煮至 83°C。
10 以篩網過篩，靜置降溫；加入常溫無鹽奶油均質，冷藏備用。
11 **組裝**：從可頌底部灌入檸檬凝乳（50g / 1 顆）。可頌表面沾義式蛋白霜，用火槍在表面炙烤出顏色；點綴金箔、圓形塔皮、糖漬檸檬絲裝飾。

奶素可頌

創作者｜玉香齋研發主廚 林哲玄 老師

材料

主麵團	公克
日本法國粉	500
T45 法國粉	500
發酵奶油	40
細砂糖	120
海鹽	20
鮮奶	420
魯邦種	50
新鮮酵母	40

裹入油	公克
裹入用奶油片	500

作法

1 **魯邦種**：第一日將容器與器具全部以高溫熱水殺菌晾乾，容器加入裸麥粉 100g、28 度礦泉水 100g，拌勻後將容器覆蓋上保鮮膜，並戳一點小洞透氣，在室溫 26 ~ 28°C 情況下放置 24 小時。

2 第二日所有器具都要熱水高溫消毒後做使用。秤原種 100g、法國粉 50g、28 度水 50g 拌勻，不用上保鮮膜，蓋上消毒後的玻璃上蓋即可。放置在 24 ~ 26°C 的陰暗環境中 24 小時後繼續餵養。

3 往後重複四天的第二日作法，隔夜的方式改冰冷藏，就可以使用了（起種至可以使用為六天）。

4 第六天後，每天或最少兩日內要進行續種，器具一樣都要熱水消毒。續種的配方是秤原種 50g、法國粉 100g、40 度溫水 100g、麥芽精 0.4g，混合均勻後放在室溫 90 分鐘，再冷藏隔日使用。

5 **主麵團**：所有材料一同攪打至 7 ~ 8 分筋度，麵團溫度約 23°C。

6 分割 1680g，用保鮮膜封住容器，室溫放置 20 分鐘。

7 整形成長方形，用保鮮膜妥善包裹麵團，送入冷凍將麵團冰硬，再放入冷藏隔夜鬆弛。

8 裹油，四摺一、三摺一，再次冷凍將麵團冰硬，送入冷藏隔夜鬆弛。

9 開麵厚度 0.4 公分。切割成長 20 × 寬 10 公分的三角形，捲起，發酵 90 ~ 120 分鐘。

10 送入預熱好的烤箱，以上火 190°C / 下火 200°C，烘烤 20 分鐘。

季節水果可頌

創作者｜玉香齋研發主廚 林哲玄 老師

材料

主麵團	公克
日本法國粉	500
T45 法國粉	500
發酵奶油	40
細砂糖	120
海鹽	20
鮮奶	420
魯邦種	50
新鮮酵母	40

裹入油	公克
裹入用奶油片	500

打發香緹	公克
動物性鮮奶油	1400
上白糖	100

作法

1. **魯邦種**：第一日將容器與器具全部以高溫熱水殺菌晾乾，容器加入裸麥粉 100g、28 度礦泉水 100g，拌勻後將容器覆蓋上保鮮膜，並戳一點小洞透氣，在室溫 26 ~ 28°C 情況下放置 24 小時。
2. 第二日所有器具都要熱水高溫消毒後做使用。秤原種 100g、法國粉 50g、28 度水 50g 拌勻，不用上保鮮膜，蓋上消毒後的玻璃上蓋即可。放置在 24 ~ 26°C 的陰暗環境中 24 小時後繼續餵養。
3. 往後重複四天的第二日作法，隔夜的方式改冰冷藏，就可以使用了（起種至可以使用為六天）。
4. 第六天後，每天或最少兩日內要進行續種，器具一樣都要熱水消毒。續種的配方是秤原種 50g、法國粉 100g、40 度溫水 100g、麥芽精 0.4g，混合均勻後放在室溫 90 分鐘，再冷藏隔日使用。
5. **主麵團**：所有材料一同攪打至 7 ~ 8 分筋度，麵團溫度約 23°C。
6. 分割 1680g，用保鮮膜封住容器，室溫放置 20 分鐘。
7. 整形成長方形，用保鮮膜妥善包裹麵團，送入冷凍將麵團冰硬，再放入冷藏隔夜鬆弛。
8. 裹油，四摺一、三摺一，再次冷凍將麵團冰硬，送入冷藏隔夜鬆弛。
9. 開麵厚度 0.4 公分。切割成長 20 × 寬 10 公分的三角形，捲起，發酵 90 ~ 120 分鐘。
10. 送入預熱好的烤箱，以上火 190°C / 下火 200°C，烘烤 20 分鐘。
11. **裝飾**：動物性鮮奶油、上白糖一同打發（成香緹），適量擠入切一半的可頌，裝飾白葡萄，篩上防潮糖粉完成。

香草聖多諾黑

創作者｜全統西點主理人 陳星緯 老師

千層底座

材料

麵團（總重 848g）		公克
A	T55 麵粉	500
	動物鮮奶油	160
B	細砂糖	12
	海鹽	12
	礦泉水	160
	白醋	4

裹入油（總重 650g）	公克
片狀奶油	500
T55 麵粉（過篩）	150

1. 容器放入裹入油所有材料，先用刮板稍微混勻，再放入攪拌缸中，以槳狀攪拌器低速攪拌，拌至看不見粉粒，略帶黏性。
2. 把奶油麵團放在攤開的塑膠袋上包起來，擀麵棍從上方擀壓，整形成 25 公分的正方形，冷藏靜置一晚。

作法

1. 鋼盆中放入材料 B 攪拌溶解，冷藏備用。
2. 冷卻後的攪拌缸加入過篩 T55 麵粉、動物性鮮奶油，低速攪拌。
3. 將作法 1 分次，每次少量倒入攪拌缸中，稍微拌勻後刮下黏在勾狀以及攪拌缸的麵團，攪拌至看不見粉粒，大致成團。
4. 取出麵團放在工作檯上，收整成正方形，放在塑膠袋上包起來，用擀麵棍擀壓成 20 公分的正方形，冷藏靜置 30 分鐘。
5. 裹油，三摺三摺疊後冷藏靜置一晚。隔天再做三摺三次（共三摺六次），最後擀至厚度 0.4 公分後，捏入花型模具（直徑 12 公分）。
6. 送入預熱好的烤箱，以上下火 170°C，烘烤 33 分鐘，完成。

泡芙脆皮

材料

材料	公克
二砂糖	100
無鹽奶油	100
T55 麵粉	100

作法

1. 全部材料混合均勻。
2. 擀至 0.3 公分厚，壓成圓片狀。

泡芙

材料		公克
A	鮮奶	330
	奶油	125
	鹽	6
	細砂糖	6
B	T55 麵粉	190
C	全蛋	324

作法

1. 材料 A 一同煮滾，加入過篩 T55 麵粉拌勻。
2. 降溫至 60°C，拌入全蛋。
3. 裝入擠花袋中，每盤擠 10g，表面鋪一張泡芙脆皮圓片。
4. 送入預熱好的烤箱，以上下火 170°C，烘烤 22 分鐘，完成。

香草香緹

材料		公克
A	鮮奶	73
	細砂糖	68
	新鮮香草莢條	一根
B	吉利丁塊	48
	馬斯卡彭	150
	動物鮮奶油	630

作法

1. 新鮮香草莢條橫向剖開，取出香草籽。
2. 鮮奶、細砂糖、新鮮香草莢條與籽，一同煮滾。
3. 加入材料 B 拌均，冷藏備用。
4. 使用前將新鮮香草莢條取出，打發使用。

焦糖醬

材料	公克
水	400
細砂糖	1000
葡萄糖	200
珍珠糖	80

作法

1. 注意要等泡芙製作完畢後，才開始作焦糖醬。
2. 全部材料放入煮鍋煮至 170°C，在焦糖醬是流動狀態時使用。

香草帕林內

材料		公克
A	水	92
	細砂糖	344
B	帶皮杏仁粒	426
	海鹽	2
	新鮮香草莢條	8

作法

1. 新鮮香草莢條橫向剖開，取出香草籽。
2. 材料 A 一同煮至 170°C。
3. 加入帶皮杏仁粒、海鹽、新鮮香草莢籽拌勻，靜置放涼，冷卻後均質即可使用。

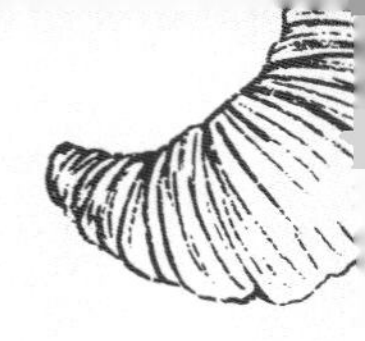

各部件組合

1 **焦糖泡芙**：雙手戴上一次性手套，底部先灌入適量卡士達醬（P.39），再捉住泡芙底部，正面朝下沾上液態狀的焦糖醬，翻正，等待焦糖硬化。

2 **部件組裝**：千層底座出爐放涼，中心平均擠上香草帕林內、適量的卡士達醬，擺上 5 顆焦糖泡芙

3 香草香緹裝入擠花袋中，套上花嘴 SN7241，在泡芙之間擠五道放射狀造型。

4 中心點擠少許香草帕林內填滿，再擺上焦糖泡芙。

5 蛋糕底坐中心擠少許鏡面果膠，放上香草聖多諾黑（利用果膠的黏性固定產品）。

6 中心點綴少許金箔，插上店面 LOGO 字卡，完成～

Baking 27

千層可頌的秘密

國家圖書館出版品預行編目 (CIP) 資料

千層可頌的秘密 / 呂昇達, 艾力克著. -- 一版. -- 新北市：優品文化事業有限公司, 2024.07 192 面；19×26 公分. -- (Baking；27)

ISBN 978-986-5481-61-2(平裝)

1.CST: 點心食譜 2.CST: 麵包

427.16　　113009350

作　　者　呂昇達、艾力克

總 編 輯　薛永年

美術總監　馬慧琪

文字編輯　蔡欣容

攝　　影　蕭德洪

出 版 者　優品文化事業有限公司

電話：(02)8521-2523

傳真：(02)8521-6206

Email：8521service@gmail.com

（如有任何疑問請聯絡此信箱洽詢）

網站：www.8521book.com.tw

印　　刷　鴻嘉彩藝印刷股份有限公司

業務副總　林啟瑞 0988-558-575

總 經 銷　大和書報圖書股份有限公司

新北市新莊區五工五路 2 號

電話：(02)8990-2588

傳真：(02)2299-7900

網路書店　www.books.com.tw 博客來網路書店

出版日期　2024 年 7 月

版　　次　一版一刷

定　　價　630 元

I S B N　978-986-5481-61-2

上優好書網

LINE
官方帳號

Facebook
粉絲專頁

YouTube
頻道